THE 7 HABITS OF
HIGHLY EFFECTIVE PEOPLE

GUIDED
JOURNAL

高效能人士的
七个习惯

52周实现自我精进的指导日志

［美］史蒂芬·柯维 Stephen R. Covey　　肖恩·柯维 Sean Covey 著

中国青年出版社

图书在版编目（CIP）数据

高效能人士的七个习惯·52周实现自我精进的指导日志/（美）史蒂芬·柯维，（美）肖恩·柯维著；熊恬译.—北京：中国青年出版社，2023.10
书名原文：The 7 Habits of Highly Effective People: Guided Journal
ISBN 978-7-5153-7030-9

Ⅰ.①高… Ⅱ.①史… ②肖… ③熊… Ⅲ.①成功心理－通俗读物
Ⅳ.①B848.4-49

中国国家版本馆 CIP 数据核字（2023）第166568号

高效能人士的七个习惯·52周实现自我精进的指导日志

作　　者：［美］史蒂芬·柯维　肖恩·柯维
译　　者：熊　恬
责任编辑：宋希晔
美术编辑：杜雨萃
出　　版：中国青年出版社
发　　行：北京中青文文化传媒有限公司
电　　话：010-65511272 / 65516873
公司网址：www.cyb.com.cn
购书网址：zqwts.tmall.com
印　　刷：北京博海升彩色印刷有限公司
版　　次：2023年10月第1版
印　　次：2024年5月第2次印刷
开　　本：880mm×1230mm　1 / 32
字　　数：38千字
印　　张：9.75
京权图字：01-2021-2444
书　　号：ISBN 978-7-5153-7030-9
定　　价：59.90元

Contents 目录

编者按

　　在我12岁的时候，我第一次拿到了一本史蒂芬·柯维的《高效能人士的七个习惯》。这里我想解释一下，我不是来自一个以高效著称的国家，尽管实际上，高效的人遍布世界各地。在阅读《高效能人士的七个习惯》并将其原则运用到我的生活中之前，一切似乎都不在我的掌控之中。我的祖国海地当时正处于独裁者统治之下，我上的是一所刻板的学校，在那里个性似乎是我无法负担的奢侈品。

　　但我有着远大的理想，想要过上比我周围看到的更美好的生活。要说柯维博士的书改变了我的生活，那就太轻描淡写了。它重塑了我的思维，让我明白，尽管身处一种似乎完全不受我控制的情况下，我仍然可以影响一些因素，并教会我，我确实有能力改变我的处境。我用书中的原则创造了一个比我12岁时所能想象到的更光明的未来。我想说我从《高效能人士的七个习惯》中学到的最重要的一课就是审视我的思维方式，问自己它们是否准确和完整。仅这一条原则就无数次让我保持了平衡和理智。

　　随着年龄的增长，我在生活中获得了更多的力量，柯维博士的书也一直陪伴着我。在不断的翻阅中，书页的折角越来越多，书也越来越旧。从中，我学会了离开家，在美国接受大学教育，做自己非常喜欢的工作，从而过上成功且充实的生活所需的技能。我搬到南佛罗里达的时候，以及到玻利维亚的圣克鲁斯教书的时候，都随身带着这本书。我写第一本书的时候参考过它。如今，在计划任何新目标时，我仍然会参考这本书。

这本书对超过四千万读者的生活产生了积极的影响，我只是其中之一。来自世界各地许多不同国家和不同环境的人们都从史蒂芬·柯维博士的书中获得了智慧。

这么多年过去了，现在当我自己在编辑这本基于七个有效且永恒的习惯的日志时，发现一切似乎刚刚好。在这本日志里，你可以找到与原书相同的基本原则，以及指导性的日志练习和清单，它们可以帮助你以最有效的方式实现目标。

编辑　M. J. 菲耶夫尔

芒果出版公司

本指导日志使用指南

三十多年来,《高效能人士的七个习惯》一直吸引着读者。它改变了总统、首席执行官、教育家、家长和学生的生活。简言之,数百万不同年龄和职业的人都因为它而受益。有了这本指导性日志,史蒂芬·柯维的永恒智慧和力量也可以以一种轻松的方式,让你在每一周做出改变。

在本日志中,你会看到史蒂芬·柯维的一些激发和鼓励你进行自我反省的至理名言。

这本指导性日志为你创造了一个空间来反思、重置和重新编排你的个人日记。因为透明而诚实地进行写作也是冥想和成长的一种形式。

你可以随时开始使用这本日志。它分为9个部分,共52周。在这本日志中,你可以看到很多名言、教训、见解、挑战和发人深省的问题及活动,以及建立自我肯定的机会——所有这些都可以使你的个人和职业生活发生变化。每一项练习开始前都有明确的说明,可以逐步指导你进行练习。

其中有几周,你可以选择特定的日子进行一些活动,使用一些鼓励话语;对于其他几周,我们鼓励你每天使用该日志提供的自我反思模板。

以下是每周如何使用周目标的示例。

周目标

多喝水。

为实现目标，我将采取的三个行动

1. 我会研究一下医学专家认为每天喝多少水是健康的。

2. 我会买好或准备好这周要喝的水。

3. 我会把水瓶放在冰箱的最前面，这样我找喝的东西时，第一眼看到的就是它们。

自我肯定

我能控制自己的健康。我可以采取行动帮助自己过上更健康长寿的生活。

· · ·

在这本指导性日志中，没有任何东西是随机的——每一项活动都是特意挑选出来的，目的是帮助你意识到你以前从未注意到的有关你自己的事项。

祝你享受本次阅读之旅！

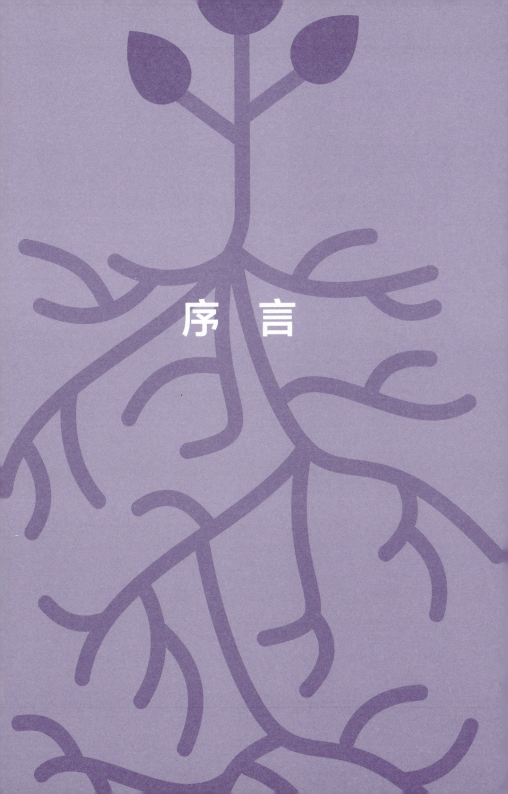

序　言

定义效能

如果你今天开始使用"七个习惯"中的任何一个习惯，你就能立马看到效果；但这是一生的冒险，一生的承诺。

——史蒂芬·柯维

本周一览

效能的本质是以一种方式获得你今天想要的结果，并确保这种方式可以在将来得到更好的结果。

问问你自己

在我的工作和个人生活中，对我来说最重要的是什么？

为了弄清这个问题，请问问自己以下这些问题。在你的日志中回答其中的一个或多个问题。

我会如何形容自己？小时候是什么给我带来了快乐？现在带给我快乐的是什么？我最大的成就是什么？我最大的梦想是什么？我最大的恐惧是什么？

识别你的品格特征

品格特征显示了一个人潜在的原则和价值。它们不同于世人从外表看到的你的性格特征。品格特征构成了你个人的、内在的指南针。在你定义效能对你来说意味着什么之前，你必须首先确定你的品格特征。然后，你就能弄清楚你的目标，找到你的人生使命，优先安排你的时间，放弃那些不再对你有用的行为和习惯，重塑你的生活。那我们就开始吧。

你好，我叫：_____

我是（圈出所有符合的描述）：

容易接近的　适应性强的　有冒险精神的　有野心的　感恩的　善于表达的　有追求的　平和的　杰出的　冷静的　有能力的　细致的　关心他人的　仁慈的　友善的　聪明的　有趣的　有同情心的　自信的　一丝不苟的　考虑周到的　忠诚的　合作的　勇敢的　谦恭的　有创造力的　文雅的　求知欲强的　大胆的　果断的　一心一意的　深沉的　可信赖的　注重细节的　坚毅的　庄严的　勤奋的　直爽的　自律的　（言行）谨慎的　顺从的　有教养的　效率高的　有口才的　会鼓励人的　充满活力的　热情的　公正的　有远见的　坚定的　灵活的　专注的　宽容的　思想自由的　友好的　爱玩的　大方的　本性善良的　宽厚的　努力的　愿意帮忙的　诚实的　光彩的　充满希望的　谦逊的　幽默的　理想主义的　正直的　有主见的　有创新精神的　富有洞察力的　有直觉力的　友好的　有见识的　一个领导者　冷静明智的　忠心的　成熟的　小心的　有积极性的　多层次的　客观的　善于观察的　思想开明的　乐观的　有条理的　感情强烈的　耐心的　安静的　理解力强的　一个完美主义者　执着的　令人信服的　有礼貌的　实事求是的　（思想）深邃的　守时的　有明确目标的　理性的　深思熟虑的　自在的　可靠的　足智多谋的　恭敬的　负责任的　严于律己的　有自我约束力的　自立的　敏感的　严肃的　精明的　简单的　常心血来潮的　稳重的　坚贞不渝的　坚强的　热心帮助的　节俭的　井井有条的　容忍的　容易相信别人的　善解人意的　多才多艺的　饱读诗书的　面面俱到的　充满智慧的

同时，我也是（圈出所有符合的描述）：

不友善的　唐突的　好斗的　冷漠的（不合群的）反社会的　焦虑的　任性的　好争论的　虚假的　枯燥乏味的　爱闹的　冷酷的　精于算计的　粗心的　孩子气的　笨拙的　粗俗的　过分自信的　冷漠的　自满的　无法控制行为的　自负的　控制欲强的　怯懦的　挑剔的　戒备心强的　苛刻的　有依赖性的　难以讨好的　令人泄气的　没有礼貌的　不诚实的　不守规矩的　做事没有条理的　无礼的　易于分心的　以自我为中心的　不可靠的　一个逃避主义者　极端的　异想天开的　奉承的　可怕的　反复无常的　行为古怪的　健忘的　轻浮的　八卦的　贪婪的　缺少幽默感的　虚伪的　无知的　爱模仿的　没有耐心的　不切实际的　易冲动的　注意力不集中的　不替别人着想的　没有好奇心的　优柔寡断的　放纵的　拘谨的　缺乏信心的　偏执的　易怒的　忌妒的　爱批评人的　一个自以为无所不知的人　懒惰的　善于操纵的　物质主义的　好管闲事的　忧郁的　感情用事的　邋遢的　爱捣乱的　喜怒无常的　糊涂的　唠叨的　幼稚的　小心眼的　缺乏自信的　易紧张焦虑的　好管闲事的　招人厌的　易着迷的　固执己见的　投机取巧的　蛮横无理的　过于敏感的　消极的　一个完美主义者　悲观的　小气的　占有欲强的　渴望权力的　有偏见的　冒昧的　自命不凡的　拖延的　一意孤行的　被动的　叛逆的　鲁莽的　遗憾的　压抑的　哀怨的　死板的　惹是生非的　傲慢的　有城府的　惯于久坐不动的　放纵自己的　自私的　肤浅的　目光短浅的　被宠坏的　顽固的　唯命是从的　不知变通的　欠考虑的　胆怯的　不领情的　不爱说话的　不愿合作的　不严厉的　缺乏想象力的　迟钝的　粗鲁的　不诚实的　不可靠的　啰唆的　怀有报复心的　易动摇的　爱发牢骚的　一个工作狂

为了变得更有效率，我想改变这一品格特征：

_____

_____

_____

_____

以下是改变这一种品格特征，将如何帮助我在工作生活中变得更有
效率：

_____

_____

_____

_____

以下是改变这一种品格特征，将如何帮助我在个人生活中变得更有
效率：

_____

_____

_____

_____

在使用此日志时，请保证清单灵活、方便使用。

周目标

_____

_____

_____

_____

为实现目标，我将采取的三个行动

_____

_____

_____

_____

自我肯定

_____

_____

_____

_____

效仿好的品格

遵循品德准则生活的人有强大、深邃的根基。他们不会受到生活压力的影响，他们不断成长和进步。

——史蒂芬·柯维

本周一览

就像树梢一样，人们首先看到的是你的品格。虽然外表和技艺都会影响你的成功，但真正持久有效的来源却在于坚韧的品格——它们是根。

问问你自己

我是否只注重速成而忽略了自己的品格？想想一个品格优秀的人：

_____

_____

_____

找出一些他们赖以生存的原则（圈出符合的原则）：

技艺　责任心　成就　冒险精神　利他　雄心　魄力　技巧　真实　威信　自主权　平衡　美丽　归属感　大胆　勇敢　冷静　聪明　宽慰　投入　团体　沟通　同情　能力　竞争力　言行一致　知足　仁爱　自信　联结　控制能力　合作　正确性　勇气　谦恭　创造性　求知欲　决断力　民主　可信任　坚定　奉献　体面　勤勉　自制力　多样性　冲劲　有效性　效能　高雅　同理心　乐趣　环境保护主义　平等　道德　卓越　刺激　专长　探索　表现力　公正　信念　声誉　家庭　无畏　经济保障　适当　聚焦　自由　友谊　快乐　慷慨　天赋　美德　优雅　感恩　成长　幸福　努力　健康　帮助他人　诚实　荣誉　希望　幽默　谦逊　独立　影响力　独创力　内心和谐　求知欲　洞察力　灵感　正直　才智　直觉力　愉悦　正义　善良　知识　领导力　学识　热爱　忠诚　有意义的工作　积极性　坦率　乐观　条理　激情

耐心　和睦　休闲　稳重　受欢迎　正能量　力量　风度　生产力　专
业素质　繁荣　目标　品质　理性　认可　可靠性　信仰　名誉　尊重
责任　安全　自我提升　自立　自尊　敏感　服务　简单　真诚　灵性
稳定性　身份　管理　毅力　体系　成功　天资　团队协作　节欲　传
统　诚信　理解　统一性　远见卓识　活力　财富　智慧

补充一些你自己的原则。

_____

_____

_____

在生活中，你最想把哪些原则做到最好？想想这些事情：你已经制定
但发现很难遵守的原则；你认为你最大的失败，或一些你希望你做得更好
的事情；当你感到效率低下或你的努力用错了方向的时刻；一些你想要改
变的和你想要坚持的价值观；能让你开怀大笑或感到满足的是什么。

不要过度承诺。慢慢来。只选择几条原则就行。

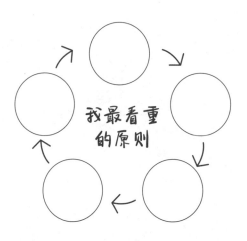

参考示例：

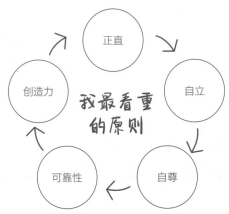

在选择了你最看重的原则之后，为每一个原则设定一个目标和可行的步骤。

本周，你可以将"可靠性"作为目标。以下是实现这一目标可能会涉及的一些可行步骤：

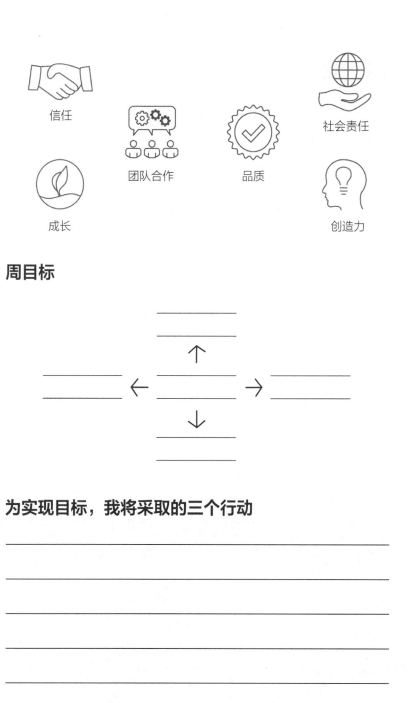

信任

团队合作

品质

社会责任

成长

创造力

周目标

＿＿＿＿＿＿＿
＿＿＿＿＿＿＿
↑
＿＿＿＿＿＿　←　＿＿＿＿＿＿　→　＿＿＿＿＿＿
↓
＿＿＿＿＿＿＿
＿＿＿＿＿＿＿

为实现目标，我将采取的三个行动

＿＿＿＿＿＿＿＿＿＿＿＿＿＿＿＿＿＿＿＿＿＿＿＿＿＿＿＿＿

＿＿＿＿＿＿＿＿＿＿＿＿＿＿＿＿＿＿＿＿＿＿＿＿＿＿＿＿＿

＿＿＿＿＿＿＿＿＿＿＿＿＿＿＿＿＿＿＿＿＿＿＿＿＿＿＿＿＿

＿＿＿＿＿＿＿＿＿＿＿＿＿＿＿＿＿＿＿＿＿＿＿＿＿＿＿＿＿

＿＿＿＿＿＿＿＿＿＿＿＿＿＿＿＿＿＿＿＿＿＿＿＿＿＿＿＿＿

自我肯定

_____

_____

_____

_____

_____

第 **3** 周

审视你的思维方式

如果我们只想让生活发生微小的变化，那么专注于自己的态度和行为即可，但是实质性的生活变化还是要靠思维的转换。

——史蒂芬·柯维

本周一览

思维方式是人们观察、理解和解释世界的方式，是人们的心理地图。

下面是史蒂芬·柯维博士在《高效能人士的七个习惯》中分享的一个故事：

一天早上，在纽约的地铁上，柯维博士经历了一次思维方式的转变。地铁里很安静，人们在看报纸，有些人则闭着眼在休息。到下一站的时候，一个男人带着他的孩子们上了车。孩子们又吵又闹，立刻打破了宁静的气氛。

令柯维博士吃惊的是，那个男人就直接坐在了他旁边，闭上了眼睛。在他的孩子们大喊大叫、乱扔东西甚至抢报纸时，这个人却坐着什么也不做。不出所料，柯维博士被惹恼了，他不敢相信一个男人居然可以让他的孩子那样做，而不承担任何责任。

柯维博士带着些许克制和耐心，对那个人说："先生，您的孩子真的打扰到了很多人，可否请您管管他们？"然后那个男人抬起头，温柔地说："哦，你说得对。我想我确实应该做点什么。"他解释说孩子们刚从医院出来。他们的母亲刚刚去世。他补充说："我不知道该想些什么，我想他们也不知道该怎么应对吧。"

那一刻，柯维博士的思维方式发生了转变。突然间，他看到、想到、感觉到的东西都变了。他的愤怒消失了，他对那个男人充满了同情和怜悯。他表示慰问，并问他能做些什么来帮助他。一切都在一瞬间发生了改变。

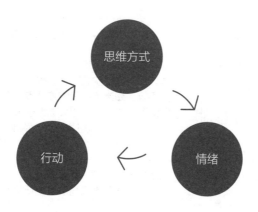

如果你改变你的思维方式，用不同的方式看待事物，就会发生不同的可能性。下面看看一些重要的人对我们一些常见思维方式的看法。

思维方式的转变		
当前的想法		**思维方式转变后的想法**
问题是挫折	▶	在我的一生中，我把每一个问题都看作是一个机会。 ——美国女商人 史宗玮
追随你的激情	▶	不要追随你的激情，追随你的天赋。(尽早)确定你擅长什么，并致力于在这方面做得更好。 ——演说家、作家和企业家 斯科特·加洛威
过去预示着未来	▶	站在未来的立场上，就是要创造一个机会，这个机会不是来自我们走过的道路，而是来自我们为自己构建的愿景。 ——美国作家和讲师 华纳·爱哈德

当前的想法		思维方式转变后的想法
失败是成功的对立面	▶	胜利固然好，但如果你真的想在生活中做些什么，秘诀就是学会如何失败。没有人能一直保持不败。如果你能在惨败后重新振作起来，并继续赢，总有一天你会成为冠军。 ——美国奥运冠军和国际体育偶像 威尔玛·鲁道夫
最后都会好的	▶	生活是不公平的，要习惯它。 ——《圣地亚哥联合论坛报》的专栏作家 查尔斯·赛克斯

简要描述你生活中的一个困境，例如与你的职业、财务、家庭或健康有关的情况。然后列出五个词，描述你对这种情况的感觉。

示例：我的姐姐珍妮丝只在她需要我的时候（例如搭车去杂货店）或抱怨她的丈夫时才给我打电话。当她要去玩的时候，她就花时间和她的朋友在一起。我感到被利用、没有人爱、孤独、愤怒和悲伤。

_____

_____

_____

这些词反映出哪些关于你的思维方式的信息？

例如：珍妮丝不把我当回事儿。姐妹之间应该互相珍惜，互相爱护。她不爱我，也不认为我值得她花时间。

_____

_____

_____

问问你自己

我的思维方式有多准确?

找出一些可能正在固化你当前思维方式的常见思维陷阱。你是否夸大或低估了情况的重要性,并认为你的情绪反映了情况的真相? 你是否只关注消极的方面而忽略了积极的方面? 你是否急于下结论或看事情太主观了? 你是否太笼统了?

例如:珍妮丝确实经常抱怨,但这表明她信任我,而不是不把我当回事儿。我们相处得很好,有时也会花时间待在一起。上个月我邀请她去看电影时,她很渴望和我在电影院见面。

_____

_____

_____

弄清楚如何调整你的思维方式以实现你的目标,并采取行动,这需要你对你的新信念充满信心。通过这个机会,你能看到自己比以前想象的更强大、更幸运。

例如:珍妮丝想花更多的时间和我在一起,如果有机会,她会更包容。我会打电话给珍妮丝,表达我对定期的姐妹活动的兴趣。我会提出每周至少在周四见一次面。

_____

_____

_____

周目标

为实现目标，我将采取的三个行动

自我肯定

习惯一

积极主动

在刺激和回应之间
暂停一下

刺激与回应之间存在一段距离，成长和幸福的关键就在于我们如何利用这段距离。

——史蒂芬·柯维

本周一览

当人们积极主动的时候，他们会懂得暂停，让自己根据原则和期望的结果来选择自己的反应。

当人们处于被动状态时，他们会让外界的影响控制自己的反应。

问问你自己

下次面对高度情绪化的情况时，我该如何积极应对？

_____

_____

_____

_____

在高度情绪化的情况下可以做的七件事

1. 了解是什么触动了你的情绪开关，这样你就能尽早发现自己的负面想法（避免说脏话骂人）。

2. 了解你身体的愤怒警告信号。专注于你的呼吸，让呼气比吸气的时间长。绷紧和放松你所有的肌肉。这时，看看你是不是在翻白眼，攥紧拳头，或者喃喃自语？你的心跳快吗？你是否开始出汗，无法集中注意力？你说话音量提高了吗？你是不是在威胁别人，或者骂人，嘴里说着"随便"，或者"你错了"？

3. 停止说话，想象一个放松的场景，或者试试倒数几秒。重复跟自己说：我选择现在不生气。我能控制自己的感情。如果可能，请求暂停一下。

4. 用幽默（但不是讽刺、刻薄或不友善的幽默）来释放紧张感。

5. 想想如果你失去控制会有什么后果。这个人或这种情况真的值得这么麻烦吗？在这种情况下，（写下一个积极榜样的名字）会怎么做？

6. 专注当下，进行积极的自我对话，或重复一个平静的词或肯定的话语：

"虽然我希望的事情没有发生，但没关系，不会永远都这样的。"

"这事对我来说很重要，所以我现在感到愤怒很正常。但重要的是，我不能在愤怒时采取行动。我会保持冷静，因为我不想做任何让情况变得更糟的事情。"

"人们不会总是按我说的去做。我控制不了他们的言行，但我可以控制自己。我不会让这个人影响我的。"

"我知道，生气是解决不了问题的。那我怎么才能解决这个问题？"

7. 问问自己，"让这个人知道我当下的感受的最好方法是什么？"过一会儿，学着承认自己感到受伤了。记得用第一人称的陈述语气。

这个星期的每个早晨，都要提前想好接下来的这一天，会有哪些人或事可能触发自己的反应开关，以及该如何避免它们。

什么情况可能会触发你？你可能会有如下感受：

恼火　焦虑　受伤害　受责备　受约束　沮丧　失望　隔绝　不被尊重　不被信任　尴尬　嫉妒　被排挤　疲惫不堪　暴露　被遗忘　受挫　脾气暴躁　无助　受伤　被忽视　不安　被评判　像坏人一样　孤独　紧张　被压倒　无力　被拒绝　被批评　有压力　被困　被戏弄　没人照顾　不舒服　受到不公平对待　没有被听到　不被爱　危险　没有把握　担心

在上面圈出你下周可能会出现的情绪。接下来，决定每天早上你能做些什么来积极主动地度过这一天。

周一

_____

_____

_____

周二

_____

_____

_____

周三

_____

_____

_____

周四

_____

_____

_____

周五

_____

_____

_____

周六

_____

_____

_____

周日

_____

_____

_____

周目标

_____

_____

_____

_____

_____

为实现目标，我将采取的三个行动

_____

_____

_____

_____

_____

自我肯定

_____

_____

_____

_____

_____

成为一个转变之人

不可否认，我们的基因、成长环境和苦难影响着我们，但是我不认为它们能决定我们。

——史蒂芬·柯维

本周一览

转变之人会打破不健康的、不当的或无效的行为习惯。他们能够为他人树立积极的行为习惯的榜样。

问问你自己

谁是我的转变之人？他们对我的生活有什么影响？

_____

_____

_____

_____

_____

_____

> 一个有效的榜样通常会表现出正直的品质和一套清晰的价值观，拥有良好的沟通能力、乐观的心态，充满自信，无私，懂得尊重，富有同情心，自控力强，做事投入，充满热情和毅力，知识渊博，勤奋且全面发展。

想想在成长过程中，你可能接受的消极模式（坏习惯、消极的态度
等等）。

_____

_____

_____

这些事情对你有什么影响？

_____

_____

_____

如果你不再做这些行为，会发生什么？

_____

_____

_____

从1（一点也不重要）到5（非常重要），你认为这对你来说有多重
要？为什么？

_____

_____

_____

_____

我可以做到这一点，因为我是（圈出所有符合的描述）：

令人吃惊的　令人敬畏的　了不起的　超级厉害的　很酷的　不
一般的　无畏的　令人钦佩的　令人惊喜的　令人印象深刻的　极好的
鼓舞人心的　强大的　令人极震惊的　不得了的　不寻常的　卓越的
令人难以置信的　坚韧的　令人赞叹的　令人惊奇的

你可以要求别人做什么来帮助你改变你的行为？

1.

2.

3.

你是如何知道你正在进步的？

_____

_____

_____

_____

_____

如果你开始重拾旧习惯，你该怎么办？

_____

_____

_____

_____

_____

本周你每天可以做些什么来打破消极模式？

周一：_____

周二：_____

周三：_____

周四：_____

周五：_____

周六：_____

周日：_____

在你有意识地为目标努力的那天前打钩。

□ 周一　　　　□ 周二　　　　□ 周三　　　　□ 周四

□ 周五　　　　□ 周六　　　　□ 周日

我的收获：

_____

_____

_____

_____

_____

周目标

_____

_____

_____

_____

_____

为实现目标，我将采取的三个行动

_____

_____

_____

_____

_____

自我肯定

_____

_____

_____

_____

_____

第6周

拒绝消极被动的语言

推卸责任的消极言语往往会强化宿命论。说者一遍遍被自己洗脑，变得更加自怨自艾，怪罪他人和环境，甚至把星座也扯了进去。

——史蒂芬·柯维

本周一览

使用消极被动的语言是一个明确的信号，表明你把自己看作是环境的受害者，而不是一个积极主动、自力更生的人。

消极被动 vs. 积极主动	
消极被动	**积极主动**
我什么都做不了。	让我想想其他选择。
我就是这样的人。	我可以选择不同的方法。
他们让我非常生气。	我能控制自己的情绪。
你毁了我的一天!	我不会让你的坏情绪影响到我。
他们不允许这样。	我会创新!
我不得不这样做。	我会选择一个合适的回答。
我不能……	我选择……
我必须……	我更喜欢……
如果……	我会……
情况越来越糟了。	我可以采取什么措施?
这已经很好了。	这真的是我能做到的最好状态吗? 我可以不断改进，所以我会继续努力。
这太难了!	我必须要努力。
我不擅长这个。	犯错可以帮助我进步。
我不懂。	我错过了什么?
我放弃了!	这真的很有挑战性，但我会继续努力。我会用我学到的一些策略。

消极被动	积极被动
他们太聪明了。我永远不会那么聪明。	我要弄清楚他们是怎么做的，这样我就可以试试了。
方案A没有成功。	好在字母表里还有25个字母。
我真笨。	糟糕，我犯了一个错误。
没有人喜欢我。	我喜欢自己。
我是一个卑鄙的人。	我做了一件应受斥责的事。
我从来没有做对过任何事。	我还没想清楚。
我不够好。	我很好，也值得交往。

问问自己

我说的话让我成了受害者吗？哪些事情是我可以控制的（比如言语、行动和行为），哪些事情是我不能控制的（比如过去的错误、家庭、同事等）？

让我们更深入地思考，考虑到生活中的不同领域：

领域	我能控制的方面	我不能控制的方面
你的核心价值观、个性、品格特征和情绪		
你的环境		
你的健康和主要需求		
你的人际关系		
你的金钱和财富		

领域	我能控制的方面	我不能控制的方面
你的事业和成就		
你的能力		
你的精神境界		

试着一整天不用任何消极被动的语言，例如"我做不到""我必须"，或者"你把我气疯了"。

在你有意识地为目标努力的那天前打钩。

☐ 周一   ☐ 周二   ☐ 周三   ☐ 周四

☐ 周五   ☐ 周六   ☐ 周日

我的收获：

_____

_____

_____

_____

结果如何？

_____

_____

_____

_____

记住：

1. 先停下来想想，然后再采取行动。问问自己，"正确的做法是什么？"

2. 对自己负责。别人不会"让"你有某种感觉——是你自己选择了这种感觉。

3. 要注意自己的感受，并学习健康的方法来管理你的情绪。

当你决定改变自己，而不是期待事情发生改变时，你会立刻变得更高效。

周目标

_____

_____

_____

_____

为实现目标，我将采取的三个行动

_____

_____

_____

_____

自我肯定

_____

_____

_____

_____

_____

采取积极主动的语言

我们并不是周围环境的受害者，我们是主导者。

——史蒂芬·柯维

本周一览

语言是衡量你积极主动程度的真实指标。使用积极主动的语言可以让你觉得自己更有能力和实力去采取行动。

积极主动的人会使用积极主动的语言（例如，我可以，我要，我更喜欢，等等）。消极被动的人则用消极被动的语言（例如，我不能，我不得不，要是，等等）。消极被动的人认为他们对自己的言行没有责任；他们觉得自己别无选择。

以下陈述是主动的还是被动的？

陈述	主动	被动
1. 这个项目失败的原因是我没有有效地动员团队。下次我要改变我的策略：我会做一个更有效的演示，并解释每个人的角色对于项目成功的重要性。		
2. 这个项目失败的原因是我没有得到其他团队成员的支持。（下次他们得做得更好。）		
3. 我希望我可以请假一周，带孩子们去海滩玩，但我不能，因为我要工作，没有足够的休假时间。		
4. 虽然我很想请假一周去旅行，但目前我的经济保障和事业对我来说更重要。我选择不去旅行，这样我就可以专注于我的事业。		
5. 要是我有一个更加善解人意的配偶就好了。		
6. 我能控制自己的感觉。		

被动：2, 3, 5

主动：1, 4, 6

"主动"是指当出现了问题，而且一切都不受控制，或者有些事情不顺利时，但你还是会花时间去寻找正确的对策/解决方法。

下表指出了积极主动型和消极被动型的人固有的主要特征，以及用以下陈述来区分这两者的方法。

积极主动型	消极被动型
积极性和主动性	被动性
根据自己的目标改变环境，或者选择有利于实现目标的环境	情绪和/或行动的结果直接依赖于外部环境和因素
对所做决定的后果负责	拒绝承担责任/把责任推给别人
追求以原则为基础的目标	情感取向
成为行动的对象	成为行动的主体
意识到可以自由选择对任何事件的回应	认为事件和对事件的回应之间有直接联系

你会如何把下面这些消极的陈述改写成积极的呢？

工作量减轻后，我就开始锻炼。	
要是我的老板不这么混蛋就好了。	
要是工作没有占用我所有的时间就好了。	
要是我受过更好的教育就好了。	

你浪费了我的时间！	
我没干过这个，我什么都不懂。	
我与此没有必要联系。	
我没有钱做这个生意。	
没有人需要它。	
他们还是不会支持我的提议。	
我想做这个，但我没有时间。	

问问自己

在目前生活中，是否有我正在挣扎的领域？我会如何描述这种情况？

_____

_____

_____

_____

现在用一些积极主动的句子来重写对这个情景的描述。

_____

_____

_____

_____

当你使用积极主动的语言时，你觉得你有何不同？

_____

_____

_____

_____

今天就有意识地用下面这些话开头：

我选择……

我要……

我可以……

在你有意识地为目标努力的那天前打钩。

☐ 周一　　　☐ 周二　　　☐ 周三　　　☐ 周四

☐ 周五　　　☐ 周六　　　☐ 周日

我的收获：

_____

_____

_____

_____

_____

周目标

_____

_____

_____

_____

_____

为实现目标，我将采取的三个行动

_____

_____

_____

_____

自我肯定

_____

_____

_____

_____

缩小关注圈

学会做照亮他人的蜡烛，而不是评判对错的法官；
以身作则，而不是吹毛求疵。

——史蒂芬·柯维

本周一览

你的"关注圈"包括你担心但又无法控制的事情。如果你把注意力放在这上面，你就没有那么多时间和精力花在你能影响的事情上。

你可以控制的事情

你的态度和行为　你的行动和反应　你的思维　你的想法是积极还是消极　你多久想起你的过去　你的目标和你关注的事情　你把精力放在哪里　你自我对话的方式　你花多少时间担心　你如何看待自己的感受　你如何与他人交往　设定和遵守界限　你何时结束对话　你是否完成你的责任　你遵守和取消哪些承诺　你是否承认你的错误　要不要以及什么时候再试一次　你承担多少风险　你是制订新计划还是在现有的计划上行动　在做决定之前你得到了多少信息　你和别人共享多少信息　你如何对待自己的身体　你用什么应对策略　你在工作中准备得如何，付出了多少努力　你是否按照自己的核心价值观生活　你是否练习个人成长　你是否出现　看到你爱的人时，你对他们的关注　什么时候掏出你的钱包去买奢侈品

补充一些你自己认为可以控制的事情：

_____

_____

_____

_____

你无法控制的事情

改变　天气　你的身高和肤色　其他人的想法和感受　其他人说什么做什么　交通　过去　未来　别人的幸福和期待　你在何时何地出生　你的父母是谁　变秃　你的天赋　运气　一些疾病　时间和变老　国际经济　政府　死亡　上帝的意愿　自然灾害　天然气的价格　战争　饥荒　身体和心理的局限　体育锦标赛的结果　冤枉过你的人　人们是否喜欢或不喜欢你（及其程度）　痛苦　生活并不总是公平的事实　假设的场景　你的身体需求（食物、睡眠等）　任何事情的确切结果　猫

补充一些你自己认为无法控制的事情：

_____

_____

_____

_____

问问自己

这周，我花了多少时间和精力在我无法控制的事情上，例如上面列出的那些？

_____

_____

_____

以下是应对你无法控制的事情的一些策略：

- 承认你的感受，认清你的恐惧。

- 让你的计划灵活一些。不要执着于结果。

- 与其纠结于这些原因（比如，如果我更瘦一些，人们就会喜欢我），不如列一个清单，列出你可以控制的事情，集中精力发挥你的影响力。

- 写一些健康的自我肯定，并把它们贴在你经常能看到的地方。

- 制订一个压力管理计划。

- 向值得信赖的人求助，让他们帮你区分发泄、"倾泻"（过度抱怨）和解决问题的差别。

- 接受生活是不确定的。记住没有什么是永久的，包括挫折。拥抱（或至少接受）改变。

- 改变看法，努力实现个人成长。

在清单上添加更多内容：

_____

_____

_____

　　想想你当前面临的问题或机会。把你关注圈的事情都列出来，然后随它去吧——烧掉它，撕碎它，把它冲进厕所。

_____

_____

_____

周目标

_____

_____

_____

_____

为实现目标，我将采取的三个行动

_____

_____

_____

_____

自我肯定

_____

_____

_____

_____

第9周

扩大影响圈

积极主动的人专注于"影响圈",他们专心做自己力所能及的事,他们的能量是积极的,能够使影响圈不断扩大。

——史蒂芬·柯维

本周一览

你的影响圈包括那些你可以直接影响的事情。当你专注于它时，你的知识和经验就会得到增加。相应地，你的影响圈就变得更大了。

问问自己

我的影响圈正在扩大还是缩小？

积极主动者的焦点
积极能量会扩大影响圈

消极被动者的焦点
消极能量会缩小影响圈

想想你正面临的一个大挑战。把它写下来。

_____

_____

_____

_____

列出你能控制的所有事情。

_____

_____

_____

_____

_____

_____

_____

看看你的影响圈，想一想为了增加影响力，你这周每天都可以做些
什么。

周一：_____

周二：_____

周三：_____

周四：_____

周五：_____

周六：_____

周日：_____

周目标

_____

_____

_____

_____

_____

为实现目标，我将采取的三个行动

_____

_____

_____

_____

_____

自我肯定

_____

_____

_____

_____

_____

全天都积极主动

　　每个人都有四种天赋：自我意识、良知、想象力和独立意志。这四种天赋赋予人类终极的自由：选择的权利。

　　　　　　　　　　　　　　　　——史蒂芬·柯维

本周一览

积极主动的人是"自己生活中的创造力",他们选择自己的方式,为结果负责。

消极被动的人把自己当作受害者。

问问自己

今天生活中发生什么事情,可能会影响我的积极主动性?

_____

_____

_____

_____

_____

_____

这周的每一天,当你感到自己变得被动时,请召唤四大天赋之一:自我意识、良知、想象力和独立意志。尝试在一天的时间内把这四种天赋都用一遍。

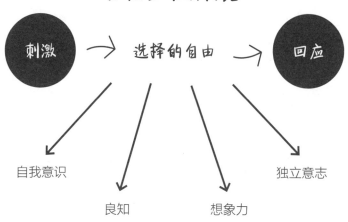

积极主动的典范

刺激 → 选择的自由 → 回应

自我意识　　良知　　想象力　　独立意志

在你有意识地为目标努力的那天前打钩。

☐ 周一　　　☐ 周二　　　☐ 周三　　　☐ 周四

☐ 周五　　　☐ 周六　　　☐ 周日

写下一些你关于这周经历的快速思考:

周一

_____

_____

周二

_____

_____

周三

周四

周五

周六

周日

周目标

_____

_____

_____

_____

_____

为实现目标，我将采取的三个行动

_____

_____

_____

_____

_____

自我肯定

_____

_____

_____

_____

_____

习惯二

以终为始

行动前先确定结果

许多人拼命埋头苦干，到头来却发现追求成功的梯子搭错了墙，但是为时已晚。

——史蒂芬·柯维

本周一览

所有的事物都被创造了两次，一次是精神上的，一次是身体上的。在行动之前，要先明确想要实现的目标。

问问自己

当我一开始就明确了目标，结果会有什么不同？

_____

_____

_____

_____

周一

用下一页的日历创建你的周计划。

周二

从今天的日程安排中，选择一个工作项目和一个生活项目。写下你心里对于各自的目标。

_____

_____

_____

_____

我的一周

周一	周二	周三	周四

周五	周六	周日	备注

周三

仔细看看你的日程安排。是什么阻碍了你去追求你想要的生活?

_____

_____

_____

_____

周四

你生活中的五大优先事项是什么? 你的周计划反映了这些优先事项吗? 把它们列在下面。

_____

_____

_____

_____

周五

你会如何向不认识你的人描述自己? 你的周计划反映了真实的自己吗? 把描述写在下面。

_____

_____

_____

_____

_____

周六

你最大的优点是什么？这周你是怎么利用它的？把它写在下面。

_____

_____

_____

_____

周日

你下周有什么目标？

_____

_____

_____

_____

周目标

_____

_____

_____

_____

为实现目标，我将采取的三个行动

_____

_____

_____

_____

自我肯定

_____

_____

_____

_____

庆祝你的80岁生日

每个人的内心都深切地渴望过上伟大且有所贡献的一生——真正有意义，真正具有影响力。

——史蒂芬·柯维

本周一览

要变得高效能，意味着要花时间确定你想留下的遗产，要根据最重要的人际关系和责任来确定。

问问自己

我想留下什么遗产？

_____

_____

_____

_____

_____

想象你的80岁生日派对。写下你希望的每个群体对你的评价以及你对他们生活的影响。

你的家人

_____

_____

_____

_____

_____

你的朋友和邻居

_____

_____

_____

_____

_____

你的同事

_____

_____

_____

_____

_____

本周你可以做哪一件事来帮助实现这一目标?

_____

_____

_____

_____

_____

周目标

_____

_____

_____

_____

为实现目标，我将采取的三个行动

_____

_____

_____

_____

自我肯定

_____

_____

_____

_____

完善你的使命宣言

使命宣言为你是谁赋予永恒的意义。

——史蒂芬·柯维

本周一览

你的使命宣言界定着你的最高价值和优先事项。这是你生命中的以终为始。这份使命宣言能够帮你塑造未来，而不是让其他人或环境塑造你的未来。

问问自己

我对未来的强烈愿景是什么？

_____

_____

_____

_____

以下内容摘录自美国幽默作家埃尔玛·邦贝克写的一个专栏"少吃干酪，吃更多冰激凌"中的案例，里面详细描述了邦贝克希望能够指导她日常决策的价值观。

如果我的人生可以重来一次，我会说更多的"我爱你""对不起""我在听"……但最主要的是，如果再让我活一回，我会把握好每一分钟，留心生活，真正关注生活，品味生活，用尽每分每秒，决不使岁月蹉跎。

如果让你写你自己的版本，你会写下什么？

_____

_____

_____

_____

_____

利用这些想法来制定你的使命宣言。

访问msb.franklincovey.com，获取免费的使命宣言生成器。在修改你的个人使命宣言时，请检查它是否：

- 根据原则完成。

- 明确对你真正重要的事情。

- 提供方向和目标。

- 代表你最好的一面。

写下你的使命宣言：

_____

_____

_____

_____

_____

_____

_____

_____

周目标

_____

_____

_____

_____

为实现目标，我将采取的三个行动

_____

_____

_____

_____

自我肯定

_____

_____

_____

_____

第 14 周

重新思考一段关系

当我们了解了生命中最重要的事，生活将会不同。

——史蒂芬·柯维

本周一览

当我们关注工作效率的时候，往往会忽略对我们来说真正重要的人。而真正的效能来自我们对他人产生的影响。

问问自己

这周，我该如何处理一段对我来说很重要的关系？

_____

_____

_____

_____

改善关系的方法

这些技巧适用于各种关系，包括浪漫爱情、友谊、职场和家庭关系。

1. **平衡**你的自我关怀需求和人际关系的需求。

2. **在他们的情感账户中持续且频繁地存款。** 确保你知道存款对另一个人来说到底是什么。

3. 乐于**沟通**。先去理解别人，再寻求被别人理解。学会移情聆听。不要为了回答而听。知道什么时候该把事情说出来，什么时候需要等一等，直到双方准备好沟通了。

4. **注意界限。** 确保身体的接触/情感是彼此都可以接受的。

5. **互相支持，** 不必一起做每一件事。提供支持时要尊重对方。在你们中的一个人迷路时，成为对方的灯塔，但要知道何时该寻求专业帮助以使关系正常运转。

6. **对你的承诺负责。**把你们的关系放在首位。

7. **要在场。**不要只在事情不顺的时候给对方打电话。彼此保持联系，一起度过高潮和低谷。要真正地倾听。

8. **学会宽恕，**鼓励彼此成为更好的人。

花点时间写下你对一段重要关系的目标的看法。

_____

_____

_____

_____

_____

这周你能做些什么来实现这个想法？

_____

_____

_____

_____

_____

_____

周目标

_____

_____

_____

_____

为实现目标，我将采取的三个行动

_____

_____

_____

_____

自我肯定

_____

_____

_____

_____

分享你的使命宣言

我们是发现而不是发明自己的人生使命。

——维克多·弗兰克尔

本周一览

你的使命宣言不仅仅是针对你个人，你爱的人如果知道你的目标、价值观和愿景，也会受益颇多。

问问自己

我生命中，哪些人受我个人使命的影响最大？

1. _____

2. _____

3. _____

4. _____

5. _____

看看你的清单。本周，与你信任的朋友或家人分享你的个人使命宣言。请他们帮你完善它。

记下他们的一些意见：

_____

_____

_____

你认为他们的建议怎么样？

_____

_____

_____

周目标

_____

_____

_____

_____

_____

为实现目标，我将采取的三个行动

_____

_____

_____

_____

_____

自我肯定

_____

_____

_____

_____

_____

平衡你的角色

你可能会发现，如果你把你的使命宣言分解到生活中特定的角色领域，以及要在每个领域中实现的目标，那你的使命宣言则会更加均衡，更容易实现。

——史蒂芬·柯维

本周一览

为了能够履行生命中的关键角色和使命，我们有时候会过于专注于一个重要角色（通常和工作相关），以至于失去了平衡。

圈出本周你最想关注的三个角色。如有需要，可以添加自己的选项。

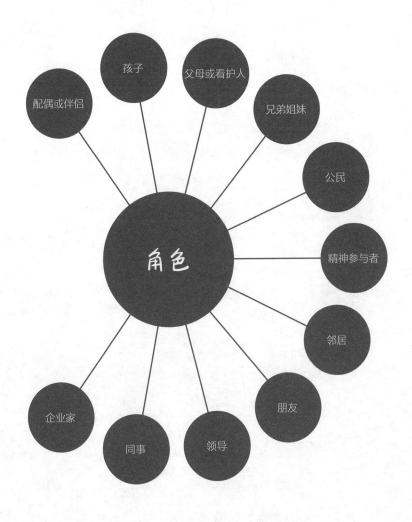

问问自己

在我的生活中，重要的角色是什么？（伴侣、专业人士、父母、邻居等）

_____

_____

_____

_____

现在回头看一下你在第77页制订的计划表。如果从那一周（第11周）开始有任何变化，可以在下一页上创建一个新的计划表。

你是否只专注于一个角色而让其他角色陷于不利地位？

_____

_____

_____

_____

找出一个你可能忽视的重要角色。本周你能做些什么来更好地履行这个角色呢？

_____

_____

_____

_____

我的一周

周一	周二	周三	周四

周五	周六	周日	备注

周目标

为实现目标，我将采取的三个行动

自我肯定

习惯三

要事第一

设定一个目标

幸福从某种程度来说，就是牺牲现在的欲望和能力的产物，从而达到最终想要的目标。

——史蒂芬·柯维

本周一览

你的目标要反映你最深层的价值观、你独特的天赋和你的使命感。一个高效能的长远目标会给你每天的生活带来意义和小目标，并将长远意义和目标带进每天的生活中。

问问自己

有哪一件事，如果我经常做，会对我的生活产生巨大的、积极的影响？

_____

_____

_____

_____

以下是一些提示，可以帮助你明确你的目标和思考什么对你来说是最重要的。

哪五件事绝对能让我幸福？

_____

_____

_____

_____

如果我有1万美元，我会把它花在什么地方？为什么？

_____

_____

_____

_____

_____

如果我可以和任何人共进午餐，那将是_____，因为……

_____

_____

_____

_____

如果我可以拥有任何超能力，那将是_____，因为……

_____

_____

_____

_____

_____

_____

我5年或者10年以后会是什么样子？80岁呢？

_____

_____

_____

_____

_____

考虑一个你一直在努力的目标，或者选择一个新的目标。设定一个目标。成功了会是什么样子？

_____

_____

_____

_____

_____

在你的计划中，安排你需要做的活动来实现你的目标。

周目标

_____

_____

_____

_____

_____

为实现目标，我将采取的三个行动

_____

_____

_____

_____

自我肯定

_____

_____

_____

_____

充分利用你的时间

关键不是要优先考虑待办事项，而是要按照优先程度
安排待办事项。

——史蒂芬·柯维

本周一览

时间管理矩阵是根据事情紧急程度和重要性安排活动。

	紧急	不紧急
重要	I （设法完成） ● 危机 ● 医疗紧急事故 ● 迫切问题 ● 最后期限驱动的项目 ● 为预先安排好的活动做最后的准备 *必要象限*	II （关注） ● 准备/计划 ● 预防 ● 价值澄清 ● 锻炼 ● 建立关系 ● 真正的娱乐/放松 *质量&个人领导力象限*
不重要	III （避免） ● 干扰事件、某些电话 ● 某些邮件、某些报告 ● 某些会议 ● 许多"迫切需要解决的"事情 ● 许多公共活动 *欺骗象限*	IV （避免） ● 琐事，消磨时间的工作 ● 垃圾邮件 ● 某些手机短信/邮件 ● 浪费时间的人（或物） ● 消遣活动 ● 看无脑电视剧 *浪费象限*

问问自己

我大部分时间都花在哪个象限？有什么后果？

_____

_____

在每一天开始的时候，使用时间管理矩阵来估计你将在每个象限花费多少个小时。在每一天结束的时候，记录下你在每个象限实际花了多长时间。

	第一象限		第二象限		第三象限		第四象限	
	预估	实际	预估	实际	预估	实际	预估	实际
周一								
周二								
周三								
周四								
周五								
周六								
周日								

在一周结束的时候再看看你的数据。你对你自己的时间使用情况满意吗？哪些地方需要改进？

_____

_____

周目标

_____

_____

_____

_____

_____

为实现目标，我将采取的三个行动

_____

_____

_____

_____

_____

自我肯定

_____

_____

_____

_____

_____

为第一象限做准备

多数人花了太多时间在紧急事件上，因此没有足够的时间处理重要事件。

——史蒂芬·柯维

本周一览

	紧急	不紧急
重要	I （设法完成） ● 危机 ● 医疗紧急事故 ● 迫切问题 ● 最后期限驱动的项目 ● 为预先安排好的活动做最后的准备 *必要象限*	II （关注） ● 准备/计划 ● 预防 ● 价值澄清 ● 锻炼 ● 建立关系 ● 真正的娱乐/放松 *质量&个人领导力象限*
不重要	III （避免） ● 干扰事件、某些电话 ● 某些邮件、某些报告 ● 某些会议 ● 许多"迫切需要解决的"事情 ● 许多公共活动 *欺骗象限*	IV （避免） ● 琐事，消磨时间的工作 ● 垃圾邮件 ● 某些手机短信/邮件 ● 浪费时间的人（或物） ● 消遣活动 ● 看无脑电视剧 *浪费象限*

　　第一象限事务既紧急又重要，它处理的是需要立即关注的事情。每个人在生活中都需要处理一些第一象限的事务，但有些人却被这些事务所消耗。

问问自己

我有多少危机是可以通过提前准备来预防的？

_____

_____

_____

_____

_____

_____

选一件最近的第一象限紧急事务。头脑风暴一下，想想你有什么办法能够避免或防止它未来再次发生。

_____

_____

_____

_____

_____

_____

周目标

_____

_____

_____

_____

_____

为实现目标，我将采取的三个行动

_____

_____

_____

_____

_____

自我肯定

_____

_____

_____

_____

_____

生活在第二象限

重要的事情是让重要之事成为重要之事。

——史蒂芬·柯维

本周一览

	紧急	不紧急
重要	I （设法完成） ● 危机 ● 医疗紧急事故 ● 迫切问题 ● 最后期限驱动的项目 ● 为预先安排好的活动做最后的准备 *必要象限*	II （关注） ● 准备/计划 ● 预防 ● 价值澄清 ● 锻炼 ● 建立关系 ● 真正的娱乐/放松 *质量&个人领导力象限*
不重要	III （避免） ● 干扰事件、某些电话 ● 某些邮件、某些报告 ● 某些会议 ● 许多"迫切需要解决的"事情 ● 许多公共活动 *欺骗象限*	IV （避免） ● 琐事，消磨时间的工作 ● 垃圾邮件 ● 某些手机短信/邮件 ● 浪费时间的人（或物） ● 消遣活动 ● 看无脑电视剧 *浪费象限*

当你效率很高的时候，你会把大部分时间花在第二象限的这些事
务上：

- 积极主动的工作
- 重要目标
- 创意思维
- 计划和准备
- 打造人际关系
- 更新和不断创造

问问自己

我最该完成的第二象限事务是什么？

_____

_____

_____

_____

_____

_____

_____

选择一件可以对你的生活产生重大影响的第二象限事务。本周安排
好时间来做这件事。

我的一周

周一	周二	周三	周四

周五	周六	周日	备注

周目标

_____

_____

_____

_____

_____

为实现目标，我将采取的三个行动

_____

_____

_____

_____

自我肯定

_____

_____

_____

_____

规划你的一周

如果你问我想要平衡生活、提高效率，最有用的一件事是什么？那就是：规划你的一周——在一周开始之前就规划好。

——史蒂芬·柯维

本周一览

高效能人士每周都会做计划，在一周开始之前独自花时间完成这件事。你的目标、角色、第二象限的活动就是你的"大石头"，一开始就安排好这些事项，那些不太重要的"碎石头"自然会围绕这些事项展开。

问问自己

本周我在每个角色上可以做的最重要的一两件事情是什么？

_____

_____

_____

_____

_____

_____

_____

找一个安静的地方计划20到30分钟。将你的任务、角色和目标联系起来。为每个角色选择一个或两个"大石头"，并安排好它们的时间顺序。围绕"大石头"组织你剩下的任务、安排和活动。

我的一周

周一	周二	周三	周四

周五	周六	周日	备注

为高效的一周做准备，周日要做的7件事

1. 回顾上周的工作，决定哪些方面需要改进，并设定下一周的目标。

2. 把大脑清空，写出下一周的原始待办事项清单。然后，牢记你的周目标，用时间管理矩阵对所有任务进行分类。把你的任务填到你的计划表里，并将你的大任务分解成小任务。

3. 安排好你的社交媒体使用时间，避免时间错位。

4. 安排你的锻炼计划。

5. 检查你的银行账户，计划你的饮食。这个星期你会在哪里吃什么？记得把准备时间列入你的日程表。

6. 清洁和整理你的空间。把所有基本的家务都处理掉（例如把洗好的衣服叠好放好，整理好抽屉和壁橱等等）。整理好你的工作套装。

7. 不要整天睡觉，但一定要给自己充电。专注于积极的方面，放松，在合适的时间上床睡觉。

周目标

_____

_____

_____

_____

_____

为实现目标，我将采取的三个行动

_____

_____

_____

_____

_____

自我肯定

_____

_____

_____

_____

_____

面临选择时，保持真我

运用独立意志，保持你对真正重要之事的忠诚。

——史蒂芬·柯维

本周一览

填写你本周的日程表。

我的一周

周一	周二	周三	周四

周五	周六	周日	备注

当你在第二象限的优先事项和当下的压力之间做出选择时，你的性格就会显现出来。当你的选择与你的使命、角色和目标一致时，你的效率就会高。

问问自己

是什么让我无法坚持我的"大石头"事项？当我屈服于压力，忽略了自己真正的优先事项时，我的感觉如何？

_____

_____

_____

_____

想一想，当你在选择的时刻，发现自己很难坚持自己的使命、角色和目标。

_____

_____

_____

_____

_____

想出一个可以在当下实现第二象限优先事项的策略。

示例：为了花更多的时间在第二象限事务上，我会（友善地）拒绝那些不够重要的任务，或者在可能的时候把它们委托给别人。例如，在工作时戴上耳机（即使没有音乐），人们就不太可能因为一些小事情打断我。我将使用的其他策略包括……

_____

_____

_____

_____

_____

_____

当你花更多的时间在第二象限事务上时，你的第一象限就会因为更好的准备、积极主动和适当的休息而自然地缩小。

重要但不紧急

第二象限是你应该花费大部分时间的地方，都是关于计划和预防、新的机会、能力的提高和关系的建立以及其他一些事情。第二象限的任务是面向大局的。它们对你的长期目标、梦想和效率至关重要。把时间花在这些重要的事情上，能够实现一个清晰的愿景和平衡的生活，危机情况会越来越少。

第二象限任务示例

- 花时间和你重要的另一半待在一起

- 读书给孩子听

- 与你的朋友和家人建立联系并加强关系

- 读书、学习、追求高等教育或教育的丰富性

- 吃健康的食物，制定运动方案来避免将来的健康问题，每年做一次血液检查，护理牙齿

- 为你的家或汽车安排预防性维护

- 专注于自我更新、可以激励你提升你的活动

- 写一本书或创作有意义的艺术作品

- 为你的养老保险投资

- 提高你的管理能力，练习你的说话技巧

- 从事副业（一个你希望它最终能取代你的日常工作的副业）

周目标

_____

_____

_____

_____

_____

为实现目标，我将采取的三个行动

_____

_____

_____

_____

_____

自我肯定

_____

_____

_____

_____

_____

排除不重要的事项

你必须决定对你来说最重要的首要任务，并且愉快地、毫无懊悔地对其他事情勇敢说"不"。要做到这些，你内心要有一个大大的"是"在燃烧。

——史蒂芬·柯维

本周一览

第三象限和第四象限的事情是时间强盗：这些活动会偷走你的时间，并且不予回报。

浪费时间

无计划的社交媒体时间　游戏和网络干扰　自拍　电子邮件超载、垃圾邮件和无休止的沟通　过度运动　电视、电影和流媒体　不良的生活习惯　通勤　逛街和线上购物　痴迷　多任务处理　完美主义　不必要的、过多的和紧急的会议，以及快速赶上进度　嘈杂的办公环境和喋喋不休的同事　说"是"　推迟艰巨的任务　工作场所杂乱无序　拖延症　缺乏动力　决策疲劳　试着做所有的事情　没有时间限制　不珍惜自己的时间　害怕　犹豫不定　缺乏系统或行动计划　缺乏条理　无效率地使用任何工具　做事效率低下　不委派具体任务　和别人比较　取悦他人　重复犯错　忽视休息　低效率的学习　沉湎于过去　没有目标　计划不周　不良的危机管理　不遵循常规　说闲话　计划外的中断　模棱两可　基础设施和流程变更　自保　负面想法

问问自己

我在以上所列的事情上花了多少时间？

想想看

1. 列出一份让你浪费时间和分散注意力的事情。

_____

_____

_____

_____

_____

_____

2. 圈出影响最大的"罪魁祸首"。

3. 今天就做重要的事，将不重要的事排除在外或者减少所占用的时间。

你知道吗？

你可以通过以下方式保持专注：

- 提前一天做好准备
- 先完成最难的任务
- 持续地提醒自己最终目的是什么

我这周做得好的地方：

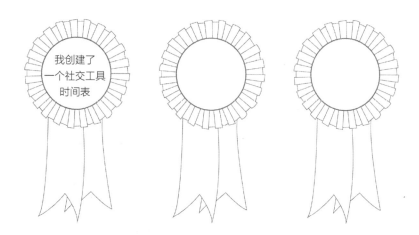

我创建了
一个社交工具
时间表

我面对了什么：

_____

_____

_____

_____

下周我可以这样改进：

_____

_____

_____

_____

周目标

_____

_____

_____

_____

_____

为实现目标，我将采取的三个行动

_____

_____

_____

_____

_____

自我肯定

_____

_____

_____

_____

_____

从个人领域的成功到
公众领域的成功

信守承诺

对自己许下一个小小的承诺，坚持实现；然后再做出一个稍大点的承诺，之后是一个更大的。最终，你的成就感会摆脱你的情绪掣肘。

——史蒂芬·柯维

本周一览

填写你本周的日程表。

我的一周

周一	周二	周三	周四

周五	周六	周日	备注

从个人领域的成功到公众领域的成功

大多数目标都非常具有挑战性——除非我们已经完成了它们！如果我们真正地想实现一个目标，但却总是拖延着不去行动，就会感到非常沮丧。

问问自己

我是否相信自己会履行对自己的承诺？为什么相信？或者为什么不相信？

_____

_____

_____

_____

_____

_____

实现个人承诺的 7 种方法

1. 掌握自主权。不要把每一个承诺都当成一个"可能"。一个好建议是把它们写下来，列入你的周计划中，并实现它们。让它们可视化——可视化能促使行动。

2. 列出你每天需要采取的行动。更重要的是，定义终点线。它是什么样子？

3. 目标要具体，要现实。你能真正承诺什么？确保你没有做出过度承诺。

4. 采取短期措施。即使是很小的事情，也要做点什么。

5. 用日记记录你的进展。你现在已经在此处开始了这一步。

6. 寻找支持和资源。善待自己，不要自我否定。

7. 庆祝每一个小小的胜利！

想一个你还没有取得进展的重要目标。把它写在这里：

_____

_____

_____

现在，对自己做出承诺：今天【日期】，我对自己做出承诺。我的目标是【插入目标】。我会专注于这个目标。每天，无论大小，我都会迈出一步，以实现自己的目标。即使目标遥不可及，我也要坚持不懈。我不会放弃的。

现在写下你自己的目标：

_____

_____

_____

想想你为实现这个目标可以采取的最小的行动。

_____

_____

_____

_____

周目标

_____

_____

_____

_____

_____

为实现目标，我将采取的三个行动

_____

_____

_____

_____

_____

自我肯定

_____

_____

_____

_____

_____

建立情感账户

在人际关系中，小事即大事。

——史蒂芬·柯维

本周一览

情感账户代表着一段关系之中信任的程度。存入情感账户的投入可以建立和修复信任，支取则会削弱信任。

提款	存款
●违背承诺	●遵守承诺
●不友善，失礼	●友善，礼节
●违背期望	●明确期望
●对不在场的人不忠诚（例如，流言蜚语、谣言）	●对不在场的人忠诚（例如，透明）
●骄傲、自负、自大	●致谢和谦卑
●防御	●真诚的道歉
●责备	●对反馈持开放态度

问问自己

我知道哪些行为会对我生命中重要的人构成从情感账户提款和存款行为吗？

找出三种可能受损或被忽视的重要关系。列出你可以做的三种存款行为。确保你明白对于每个人来说存款行为是什么。列出三种你需要避免的提款行为。

重要关系	存款	提款
1		
2		
3		

在你处理各种关系的过程中，定期回到这部分内容。

在你列出的重要关系中，选择一种你认为彼此情感账户余额很低，甚至是负的关系。

你选的人的名字是：_____

在接下来的14天里有意识地往这个账户里存款。看看关系是如何改变的。

_____

_____

_____

_____

当初是什么原因导致余额不足？

_____

_____

_____

_____

未来，你能采取什么措施来确保更积极的平衡关系，并因此建立更牢固的关系？

_____

_____

_____

_____

周目标

_____

_____

_____

_____

_____

为实现目标，我将采取的三个行动

_____

_____

_____

_____

_____

自我肯定

_____

_____

_____

_____

_____

必要时进行道歉

想重建破损的关系，我们必须首先要研究自己的内心，找到我们真正的责任和自己的错误。

——史蒂芬·柯维

本周一览

当你犯了错误或伤害了别人时，说声对不起可以迅速恢复你透支的情感账户。这需要勇气，但你可以做到这一点。

如何道歉

1. 选择合适的时机。

2. 请求原谅。很多人忘了说"对不起"，只是用"我懂了"或"我不会再犯"这样的话来暗示。要真诚和真实——真诚的道歉是直接和发自内心的。一些遗憾的表达方式包括："对不起，我要是更体贴一点就好了"，"对不起，我要是考虑了你的感受就好了"，以及"对不起，我要是没说过这话就好了"。对自己的行为表示懊悔。不要把道歉当成输赢，道歉的理由要正确，而不是为了操纵对方。

3. 清楚地表达你的歉意，承认你的行为造成的伤害，承担自己犯下的错误。说"对不起，我伤害了你"。不要说："如果我伤害了你，我很抱歉。""如果"暗示的是这种受伤的感觉是对方的随机反应，而你并不为此负责。永远不要说"对不起，但是……"，没有"但是"。当你淡化自己的伤害行为时，你会传递出这样一个信息：你的行为对别人的影响对你来说并不重要。不要将此淡化。不要试图为你的行为辩护（例如，我很抱歉，但我当时心情不好）。解释自己的行为，虽然可能是出于好意，但却可能会被看作是借口。注意你的道歉中任何消极对抗的措辞。不要怪他们（例如，"对不起，你们把我惹毛了"）。道歉应该是独立的。承认你对当时的情况负有责任，同情被你冤枉的人。这样，你就能让被你伤害的人重拾尊严。

4. 无论对他人还是对自己，道歉时都要公平。如果不全是你的错，不要接受所有的指责。通过讨论在你们的关系中什么是允许的，什么是不允许的来重申界限，并表达想改变自己行为的愿望。保证这种事情不会再发生，但要避免空洞的承诺。相反，拿出一个计划。如果你不确定怎样做会有帮助，问问对方你能做些什么来缓解他们的感受。然后做出修正/补偿。采取行动，使情况得到改善。

5. 不要期望立即得到原谅。准备好给他们时间。经常和他们联系。你要认识到你无法控制他们的反应，如果你已经做了你能做的一切，那就让它去吧（暂时）。

问问自己

谁需要我的道歉？

_____

_____

_____

_____

向你冤枉过的人道歉。看看你能做些什么来弥补伤害。

_____

_____

_____

_____

周目标

_____

_____

_____

_____

_____

为实现目标，我将采取的三个行动

_____

_____

_____

_____

_____

自我肯定

_____

_____

_____

_____

_____

学会原谅

任何时候我们觉得问题是"因为外界",这个想法本身就是问题。

——史蒂芬·柯维

本周一览

每个人都或曾被别人不经意的言语或行为伤害过。当你做错事时，道歉很重要，但是学会原谅别人也同样重要。

问问自己

我是否因别人的言语或行为感到有负担？

_____

_____

_____

记住：

1. 原谅并不意味着忘记。它并不意味着和解或合理化，也不意味着你在某种程度上对所发生的事情无所谓。它表明你承认你无法改变过去，并选择继续前进。

2. 原谅是一个决定。你可能不会感到平静（这很正常！），但你正在有意识地选择对对方表示同情。原谅是一个承诺，只有你才能选择原谅的时机。

3. 原谅是一种态度，而不仅仅是一个决定。当你在面对已经发生的事情的结果时，你可能需要一次又一次的原谅。

4. 只有当你明白别人对你的负面影响有多严重时，你才有可能原谅别人。和你信任的人沟通；他人不同的视角可以帮助我们对事件或情况有新的见解。把你的想法和情绪写下来，一旦写在纸上，它们就会变得更清晰。如果你的经历特别艰难或复杂，可以向顾问或治疗师咨询。

5. 原谅是给自己的礼物。一旦你告诉自己"我选择放下这些痛苦"，你就会明白原谅的力量，并允许自己活得充实。

无为而治，顺其自然得天下，逆者失之。

——老子　中国古代思想家、哲学家、文学家和史学家

如果你放开一点，你就会得到一点平和。如果你放开很多，就会得到很多平和。如果你完全放开，你就会得到完全的平和与自由。

——阿姜查　泰国佛教法师

他突然想到了一个问题："如果我的一生都是错的，怎么办？"

——节选自《伊凡·伊里奇之死》，俄国作家列夫·托尔斯泰

大多数人都以其所知、以其所立及以其所有将事情做到极致。如果你受到了伤害，并仍受其困扰，你要意识到那个伤害你的人和你一样也有弱点，就原谅那个人吧。

在下面的空白处，给伤害过你的人写一封原谅信。你不需要把它寄出去，但写下你的情绪可以让它们在你和你的身体之外有一个生存的地方。通过给你的情绪注入生命来验证你的情绪。

周目标

_____

_____

_____

_____

为实现目标，我将采取的三个行动

_____

_____

_____

_____

自我肯定

_____

_____

_____

_____

习惯四

双赢思维

考虑自我成功的同时
考虑别人的成功

双赢是在所有人类交往中不断寻求互惠互利的一种思想和心态。双赢思维将生活视为一个合作而非竞争的舞台。

——史蒂芬·柯维

本周一览

　　当我们成为高效能人士时，我们就会像衡量自己的成功一样去衡量对方的。我们会花时间找到实现共赢的方法。

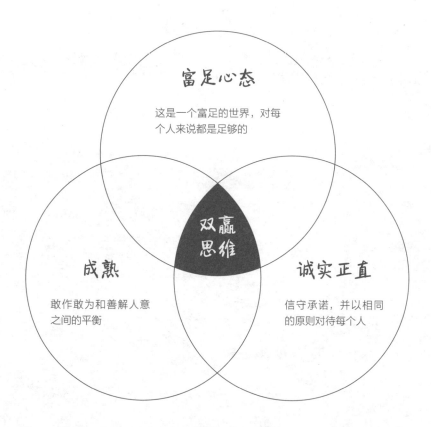

　　双赢是一种生活态度，是一种说"我能赢，你也能赢"的心态。它不只是我的或你的事，而是我们共同的事。它始于这样的一种信念：每个人都是平等的，没有人低人一等或高人一等，也没有人需要成为赢家。生活并不像生意场上、体育竞技中和/或学校里那样充满竞争。

问问自己

在哪些关系中，我不太可能会考虑双赢？考虑让对方赢会带来什么好处？

_____

_____

_____

_____

找出你生活中最难进行比较的两个方面。也许是衣服、身体特征、朋友、财产、头衔、薪水或才能。

_____

_____

_____

_____

解释一下为什么你觉得有必要进行自我比较，以及你能做什么来减少这种比较。

_____

_____

_____

_____

双赢思维	
赢/输 我拿到了遥控器，你什么都没有，不够我们一人一个。	**双输** 我们吵了一架，我把遥控器往墙上扔。如果我没有，你也别想得到。
输/赢 你拿到了遥控器，我什么都没有。如果你赢了，我就是个失败者。	**双赢** 你和我决定一起关掉电视玩牌。这不是你或我的问题，这是我们俩的问题。

　　想想你对生活的整体态度。它是基于赢/输、输/赢、双输还是双赢的思维？这种态度是如何影响你、你的生活和你的幸福的？

_____

_____

_____

_____

_____

　　你是否和别人处于一种输/赢的关系中？如果是，请列出你能做些什么来使这种关系变成双赢。如果没有达到双赢，这种关系值得维持吗？

_____

_____

_____

_____

_____

如果你现在处于一种输/赢的关系中，你可以做什么选择来避免这种情况？你能采取什么措施来防止未来出现这种输/赢的关系呢？

_____

_____

从长远来看，如果不是双赢，那我们双方就都是输家。这就是为什么在相互依存的现实中，双赢是唯一真正的选择。

——史蒂芬·柯维

要实现双赢，勇敢和体谅都非常重要。两者的平衡是真正成熟的标志。

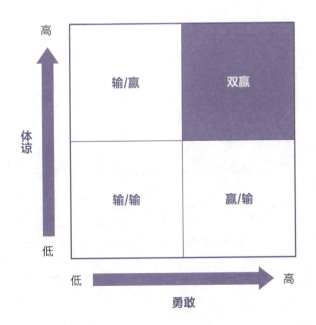

选择一种可以从双赢思维中获益的重要关系。把你的和别人的胜利都记下来。如果不知道他们怎样定义胜利，那就去问他们！

_____

_____

_____

周目标

_____

_____

_____

为实现目标，我将采取的三个行动

_____

_____

_____

自我肯定

_____

_____

_____

_____

_____

避免匮乏心态

大多数人都被匮乏思维严重限制。他们认为生活就只有那么多，好像外面就只有一个比萨。如果有人拿了一大块比萨，就意味着其他人拿的少了。

——史蒂芬·柯维

本周一览

匮乏心态会让你去比较、竞争，感觉受到别人的威胁，而不是和别人一起努力争取最大的胜利。

匮乏心态的迹象可能包括相信某一情况是永久的（例如，我不得不在匮乏的情况下）；使用匮乏的思维和语言（例如，我没有足够的钱或我做不到）；嫉妒他人，难以为他人的成功而高兴（例如，我不认为他们有那么伟大）；不慷慨或难以分享荣誉、赞誉、权力和好处（例如，他们可以找到自己的方式，就像我一样）。带有匮乏心态的话，你可能也很难成为一个团队合作者，因为你会觉得意见分歧是不忠诚。

匮乏心态	富足心态
竞争太激烈了。	还有足够的余地。
钱不够。	我的需求得到了满足。
经济不景气。	每一个挑战都会带来机会。
不稳定（创业）。	稳定在于我的内心，而不是外在的环境。
我赚的钱应该和他们一样多。	我正在走自己的成功之路。
我会失败的。	我会找到合适的人，帮助我的企业度过这段充满挑战的时期。

问问自己

匮乏思维在哪些领域阻碍了我取得最好的成绩？

_____

_____

_____

_____

_____

_____

　　列出你生活中存在匮乏心态的领域（例如，没有得到足够的爱、金钱、关注或资源）。

_____

_____

_____

_____

_____

　　思考这种匮乏心态从何而来。

_____

_____

_____

_____

_____

周目标

_____

_____

_____

_____

_____

为实现目标，我将采取的三个行动

_____

_____

_____

_____

_____

自我肯定

_____

_____

_____

_____

_____

培养富足心态

富足心态来源于内心对个人价值和个人成长深深的感知。这种思维方式就是外界有充足供应，每个人都能得到。

——史蒂芬·柯维

本周一览

当你拥有富足心态时，你就不会受到他人成功的威胁，因为你很确信，你有你自己的价值。

拥有富足心态的人	拥有匮乏心态的人
格局大（如果我成功了，你成功了，我们就都成功了）。	格局小（如果我想成功，就必须确保自己看起来不错）。
看到有很多（有足够的东西让大家分享）。	认为一切都不够（没有足够的东西让大家分享）。
体会到幸福。	体会到怨恨。
拥抱变化。	害怕变化。
是积极主动的（我能做这样而不是那样）。	是消极被动的（我做不到那样）。
一直在学习。	认为自己什么都知道。
专注于什么有用。	专注于什么没有用。
愿意合作和共享所需内容。	不愿意贡献和分享信息、资源和时间。
宣传他人及其成就。	只宣传自己和自己的成就。
是开放和信任别人的。	发号施令和微管理。

问问自己

我真的相信每个人都是富足的吗？

_____

_____

_____

关注你自己与别人的强项，停止比较，分享资源。让自己的思维更加丰富。

_____

_____

_____

_____

_____

_____

富足心态清单

☐ 察觉到自己的想法，并注意你所说的话。

☐ 认识到你身边无限的可能性。总会有更多的机会。相信最好的还在后面。关注成长，对未来保持乐观。

☐ 践行感恩，慷慨大方。问问自己："我怎么能超出预期？我该如何为他人服务？"

☐ 培养并分享你的激情、目标和知识。

☐ 慷慨地给他人提供帮助，滋养他们的能量。

☐ 要自信，豁达，灵活，愿意学习。

☐ 着眼大局，拥抱风险。

☐ 赞美/认可他人。

周目标

_____

_____

_____

_____

为实现目标，我将采取的三个行动

_____

_____

_____

_____

自我肯定

_____

_____

_____

_____

平衡勇敢和体谅

如果人们能勇敢地表达自己的情感和信念，同时又能体谅别人的想法和感受，这就是成熟的人，特别是眼前的事情对双方都很重要的时候。

——史蒂芬·柯维

本周一览

    要成为高效的人，就必须要敢作敢为，愿意并且能够恭敬地表达自己的想法。它也意味着要善解人意，愿意并且能够以尊重的态度寻求和倾听他人的想法和感受。

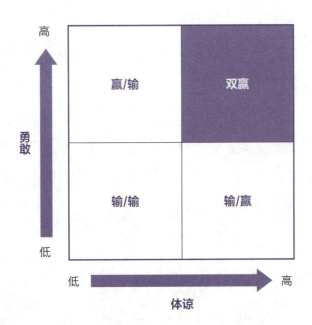

问问自己

    我是否在一些关系中缺乏勇气或体谅？我付出了什么代价？

_____

_____

_____

_____

选择一个你愿意拿出更多勇气来解决的问题。写下你的观点。自信地在下面分享你的想法和意见吧。

_____

_____

_____

_____

_____

_____

学会大胆说话

- 要非常清楚你想说什么。

- 明确为什么你的发言权很重要。记住：你坐在这张桌子旁是有原因的。

- 写下你想传达的观点。

- 先设想一下对话，然后和你信任的人练习，使用"我认为"和"这就是为什么"语句。

- 在低风险环境中发展你的技能。这将帮助你建立信心和信誉。

- 停顿和呼吸，以保持镇定。

- 关注事实，而不是情绪，注意你的肢体和口头语言。

- 为他人代言。

- 等待合适的机会。

选择一个你需要表现出善解人意的场合。不要专注于打断别人，而是要认可别人，确保每个人都有机会表达自己的意见。

周目标

_____

_____

_____

_____

为实现目标，我将采取的三个行动

_____

_____

_____

_____

自我肯定

_____

_____

_____

_____

达成双赢协议

真正的双赢协议是双赢品德和双赢关系的产物。我们需要带着真诚的愿望从双赢的角度投入人际关系中,实现双赢。

——史蒂芬·柯维

本周一览

在双赢协议中，人们致力于使双方都受益。这些协议可以是正式的，也可以是非正式的，可以在任何关系或情况下达成。

问问自己

当我和别人谈判的时候，我的意图是什么？我会运用到双赢思维吗？

_____

_____

双赢协议的 5 个要素

1. 期待的结果：双方都想要什么？在价值观上保持坚定，在小事上保持灵活。

2. 准则：要制定什么规则？你如何知道每个人何时完成了自己约定的部分？

3. 资源：是否有可供双方使用的资源以实现共赢？当你遇到困难或需要支持时，你能做什么？

4. 问责制：时间表是什么？谁来检查结果？

5. 结果：签订协议后会发生什么事情（好或坏）？

选择一种可以从双赢协议中获益的关系。写下你认为受益方会得到的好处，或者问问他们。写下你自己的收获。制定双赢协议。

_____

_____

周目标

_____

_____

_____

_____

_____

为实现目标，我将采取的三个行动

_____

_____

_____

_____

_____

自我肯定

_____

_____

_____

_____

_____

给予赞扬

如果你不在乎谁得到荣誉，你会取得惊人的成就。

——美国第33任总统

哈里·杜鲁门

本周一览

对许多人来说，公开或私下的赞誉是一个巨大的胜利。当你慷慨地分享荣誉时，你可以建立信任并巩固你的人际关系。

问问自己

最近谁帮我完成了一些事情？我感谢过他们吗？

_____

_____

_____

_____

_____

列出曾为你付出或帮助过你的人。私下或公开地向那个人表达感谢。

_____

_____

_____

_____

_____

感谢信

感谢信是向他人表达感谢和赞赏的有力做法。给对你来说非常重要的人写一封信——那个曾经激励你，或者现在正激励你成为最好的自己，但你还没有花时间去感谢的人。那个人可以是你的老师、导师、父母、祖父母、朋友、同事——曾经帮助过你、能激励你、向你表示过善意或慷慨，或是你可以依赖的人。简而言之，这个人是你在生活中真诚感激的人。

你不需要像写小说一样（除非有一天你想写），但你应该具体说明那个人为你做了什么以及他们是如何让你的生活变得更好的。如果他们是你的榜样，指出他们身上你欣赏的品质。向他们解释是什么让你充满了感激之情。你可以选择手写（如果你觉得这样更私人的话）或者打印出来，然后寄出去，亲自送出去，或者发电子邮件。无论你怎样做，重要的是要让那些鼓舞你的人知道，你感激他们给你的生活带来的改变。

你的感谢信

_____

_____

_____

_____

_____

_____

_____

周目标

_____

_____

_____

_____

为实现目标，我将采取的三个行动

_____

_____

_____

_____

自我肯定

_____

_____

_____

_____

习惯五

知彼解己

练习同理心倾听

除了物质，人类最大的生存需求源自心理，即被人理解、肯定、认可和欣赏。

——史蒂芬·柯维

本周一览

　　同理心倾听意味着不管你同意与否，都要触及对方的内心。当同理心倾听时，你是带着理解的意图去听的。你通过反映你的感受和言语来做出回应。

　　同理心倾听可以进入另一个人的参考视角。你透过它，以他们的方式看世界，理解他们的思维方式和感受。同理心倾听的本质不是同意某人的观点，它是在情感上和智力上完全、深刻地理解一个人，是专注于接收与另一个人的灵魂的深度交流。

　　同理心倾听本身就是存入情感账户的一笔巨款。它具有很强的治疗和疗愈作用，因为它给了一个人心理上的空气——仅次于物质生存的人类需求。这种对心理空气的需求影响着生活各个领域的交流。一旦满足了这一重要需求，你就可以集中精力影响他人或解决问题。

问问自己

　　我周围的人是否觉得我真正了解他们？我有没有问过他们是否觉得被我理解？

_____

_____

_____

_____

_____

本周，练习倾听以获得理解。试着把别人的感受和他们所传递的信息内容反映出来。当你打断别人、提出建议或做出评判的时候，也要审视一下自己。

今天是……	我将与（写下一个名字）练习同理心倾听	下面打钩的地方，表明我做到了
周一		
周二		
周三		
周四		
周五		
周六		
周日		

周目标

_____

_____

_____

_____

_____

为实现目标，我将采取的三个行动

_____

_____

_____

_____

_____

自我肯定

_____

_____

_____

_____

_____

第**35**周

敞开心扉

当你真的站在对方角度倾听，运用理解回应对方，这就如同是给对方输送了"心理空气"。

——史蒂芬·柯维

本周一览

当情绪高涨时，专注于你的意图。不要担心是不是正确的回应。同理心倾听需要终身练习。

问问自己

我真的在听我爱的人说话吗？

_____

_____

_____

_____

_____

本周，再次练习倾听以获得理解。找出一个你经常忽略或不会仔细聆听的人，简单问一句：最近怎么样？敞开你的心扉，练习同理心倾听。你会对你学到的东西感到惊讶。

周一

今天，我与_____练习了同理心倾听。

这是我学到的东西：

_____

_____

_____

_____

_____

_____

周二

今天，我与_____练习了同理心倾听。

这是我学到的东西：

_____

_____

_____

_____

_____

周三

今天，我与_____练习了同理心倾听。

这是我学到的东西：

_____

_____

_____

_____

周四

今天，我与_____练习了同理心倾听。

这是我学到的东西：

_____

_____

_____

_____

_____

周五

今天，我与_____练习了同理心倾听。

这是我学到的东西：

_____

_____

_____

_____

_____

周六

今天，我与＿＿＿＿＿＿＿练习了同理心倾听。

这是我学到的东西：

_____

_____

_____

_____

_____

周日

今天，我与＿＿＿＿＿＿＿练习了同理心倾听。

这是我学到的东西：

_____

_____

_____

_____

_____

周目标

_____

_____

_____

_____

_____

为实现目标，我将采取的三个行动

_____

_____

_____

_____

_____

自我肯定

_____

_____

_____

_____

_____

避免自传式聆听

倾听吧，否则说多了话你会聋的。

——印第安人的谚语

本周一览

自传式聆听是通过你自己的故事来过滤别人所说的话。你不是把注意力放在说话者身上，而是在等着用你的观点切入话题。

通过同理心倾听，你不是在投射你的自传和假设一些想法、感觉、动机和解释，而是在和另一个人头脑和内心中的现实打交道。你在倾听以获得理解。

问问自己

我是否愿意练习同理心倾听？我愿意放下自我，只为了真正理解而倾听吗？我可以在心中不作答的情况下倾听吗？

_____

_____

_____

想一想，什么时候有人以理解和尊重的态度听你说话？你的感觉如何？

_____

_____

_____

_____

_____

本周，继续练习倾听以获得理解。

周一

今天，我与_____练习了同理心倾听。

这是我学到的东西：

_____

_____

_____

_____

_____

周二

今天，我与_____练习了同理心倾听。

这是我学到的东西：

_____

_____

_____

_____

_____

周三

今天，我与_____练习了同理心倾听。

这是我学到的东西：

_____

_____

_____

_____

_____

周四

今天，我与_____练习了同理心倾听。

这是我学到的东西：

_____

_____

_____

_____

周五

今天，我与_____练习了同理心倾听。

这是我学到的东西：

_____

_____

_____

_____

周六

今天，我与＿＿＿＿＿＿＿＿练习了同理心倾听。

这是我学到的东西：

_____

_____

_____

_____

周日

今天，我与＿＿＿＿＿＿＿＿练习了同理心倾听。

这是我学到的东西：

_____

_____

_____

_____

周目标

为实现目标，我将采取的三个行动

自我肯定

寻求被理解

当你在深刻理解对方的思维和顾虑时，清晰地表达自己的想法，你的想法的可信度就会大大提高。

——史蒂芬·柯维

本周一览

寻求被理解是有效沟通的第二部分。一旦你确信对方觉得自己被理解了，你就可以以尊重和清晰的方式分享你的观点，并期待得到同样的感觉。

问问自己

我说话的方式是否表明我理解对方？我是否清楚地表达了自己的观点？

———————————————————————————————

———————————————————————————————

———————————————————————————————

———————————————————————————————

想一想你即将要做的演讲或需要传达的有说服力的消息，或需要进行的艰难对话。把它写在下面。

———————————————————————————————

———————————————————————————————

———————————————————————————————

———————————————————————————————

想象一下那些将听你讲话/与你互动的人。你如何确保自己首先理解了他们的观点？

———————————————————————————————

_____

_____

_____

在演讲或交谈之前，对着镜子、小狗或公交车上的人练习说话。录下自己的讲话，然后回放。试着在五分钟内解释你的想法。将这种体验记录下来。

_____

_____

_____

_____

接下来，向你信任的人传递你的信息。询问他们的反馈，并将其中一些内容写在下面。

_____

_____

_____

_____

最后，鼓起勇气并考虑他们的观点，向目标受众传达你的观点。事情进展得如何？对自己诚实一点。

_____

_____

方式明确清单

☐ **知道"为什么"。** 在你开始任何交流之前，问问自己：我想要达到什么目的？同样，和你交谈的人可能会想，"为什么要进行这样的对话？"如果答案不明显，引导对话到"为什么"上。

☐ **知道"是什么"。** 正如阿尔伯特·爱因斯坦曾经说过的那句名言：如果你不能简单地解释它，那你就是不够理解它。你想传达的重点是什么？记住要以事实为依据。

☐ **知道"不要什么"。** 避免多余的细节。当你在一个新的话题上传达信息时，有些事情并不像最初看起来那么重要，这些小细节可能会分散你想要表达的观点。

☐ **衡量参与度和兴趣。** 确保与你交谈的人确实参与其中，并对你要说的话感兴趣，这是你的信息被听到和保留的唯一途径。确保他们和你同步。提出问题，并倾听他人的意见。

☐ **选择适当的沟通媒介。** 任何高情感含量的信息都应该当面传达（如果可能且切实可行），或通过电话/视频会议，而不是通过电子邮件/短信。任何以事实为主要内容的信息都应该以书面形式传达。

☐ **精简和简化。** 如今，每个人都饱受信息过载的困扰，这带来了似乎无穷无尽的困惑和压力。必要时使用具体的文字和视觉辅助工具。

☐ **注意你的肢体语言。** 说话要坚定，但不一定要大声。不要低头或抬头说话。看着对方。注意你的身体姿态、手的位置、手势和面部表情。

周目标

_____

_____

_____

_____

_____

为实现目标，我将采取的三个行动

_____

_____

_____

_____

_____

自我肯定

_____

_____

_____

_____

_____

"互联网+"时代，
学会同理心倾听

同理心是人类最快实现有效沟通的关键。

——史蒂芬·柯维

本周一览

"互联网+"时代的高效能沟通，同样需要运用当面沟通的内容和技巧。困难常常在于理解信息以及跨媒介转达信息。

问问自己

在发短信、打电话和发邮件的时候，我怎样才能做到同理心倾听？

_____

_____

_____

本周，当你通过电子方式进行交流时（尤其是在情绪高涨的情况下），试着做下面其中的一件事：

- 仔细阅读对方的信息。深呼吸，再读一遍。

- 在表达你自己的想法之前，先思考他们的感受和话语。

- 清楚地说明你的意图。要具体。

- 写下一条回复，然后等一两个小时。稍后再回来，看看这是否仍然反映了你的感受和你想表达的方式。

- 请一位值得信任的同事检查你的回复并给你反馈。

进展如何？

_____

_____

_____

电子邮件沟通技巧

你在想什么	不要写	写
我花了些时间，但没什么大不了的。	抱歉耽搁了。	谢谢你的耐心。
哦，不！我又迟到了！	对不起，我总是迟到。	谢谢你等我。
我的日程安排也很重要。	什么最适合你？	这个日期/时间你可以吗？
我完全是反应过度了。	对不起，我太敏感了。	谢谢你的理解。
是的，不客气。	"没问题"或"不用担心"	很乐意帮忙！
我犯了另一个错误。	对不起，我总是搞砸。	谢谢你对我的耐心。
我知道我在做什么。我有这个能力。	我认为也许我们应该_____。	我们最好还是_____。
我不知道该怎么说。	（不要花一个小时重写电子邮件。）	当面谈会更容易些。
你明白了吗？	我希望这能有所帮助。	如果有任何问题，请告诉我。
我真是个时间吸血鬼。	很抱歉让你帮了我这么多。	感谢您一直以来的支持。
什么要花这么长时间？	我只是想看一下。	我什么时候能得到最新消息？
我犯了一个小错误。	啊，对不起！我的错。完全错过了。	好样的。附件是更新后的文件。谢谢你告诉我。
我有个约会。	我可以早点走吗？	我需要在这个时候离开去_____。

你在想什么	不要写	写
我垄断了每一次谈话。	很抱歉我说了这么久。	谢谢你听我说。
绝对不行。	不。	我现在不能给你答复，你能不能再跟我确认一下？ 我现在没有能力承诺。 我知道你需要我的帮助，但我实在没办法。 我现在要说不。如果有变化我会告诉你的。 很荣幸你能问我，但我的回答是不。 不，我不能那样做，但我能做的是……

周目标

为实现目标，我将采取的三个行动

自我肯定

习惯六

统合综效

从差异中学习

缺乏安全感的人认为所有的人和事都应该依照他们的模式。他们不知道人际关系最可贵的地方就是能接触到不同的模式。千篇一律毫无创造性可言，而且沉闷乏味。

——史蒂芬·柯维

本周一览

通过接受别人的经验、观点和智慧，你会有巨大的成长机会。差异可以成为学习的源泉，而不是冲突的源泉。

问问自己

我能从那些与我意见不同的人身上学到什么？

_____

_____

_____

_____

选择一个你关心的政治或社会问题。抛开你的个人观点，找几个人，讨论他们的观点。倾听以获得理解。写下你从这个练习中得到的至少三个新观点。

_____

_____

_____

_____

_____

周目标

_____

_____

_____

_____

_____

为实现目标，我将采取的三个行动

_____

_____

_____

_____

_____

自我肯定

_____

_____

_____

_____

_____

统合综效地解决问题

单打独斗的话，我们能做的太少；齐心合力，我们却能做到很多。

——海伦·凯勒
美国作家、政治活动家和演讲家

本周一览

　　你不必自己想出所有的答案。当你在处理一个问题时，统合综效的方式可以让你想到一些你自己永远想不出来的点子。

问问自己

　　当我想到要独自面对时，什么问题似乎是无法克服的？

_____

_____

_____

_____

　　找个人（或一个小组）谈谈你面临的问题。问问：你能帮我想出一个我还没想到的点子吗？花几分钟头脑风暴，不要评判他们的想法，只是倾听和吸收。看看有哪些想法可以为你所用。

_____

_____

_____

_____

_____

不要害怕问问题。不要在需要帮助时害怕请求别人帮助。我天天请求别人的帮助。请求帮助不是软弱的表现，它是力量的标志，因为它表明你有勇气承认自己对某些事情不懂，这样做会使你学到新的东西。

——美国政治家　奥巴马

带着羞愧寻求帮助意味着：你的力量比我强。带着优越感求助意味着：我的力量比你强。但是带着感激之情求助意味着：我们有能力互相帮助。

——美国歌手　阿曼达·帕尔默

谦卑的人会寻求帮助。

——美国作家、演讲家和基督教牧师　乔伊斯·梅尔

我认为我们需要记住的最重要的事情是，我们在进步；不要羞于或害怕寻求帮助。

——美国歌手和电视节目主持人　卡妮·威尔逊

周目标

_____

_____

_____

_____

_____

为实现目标，我将采取的三个行动

_____

_____

_____

_____

自我肯定

_____

_____

_____

_____

寻求第三种选择

什么是统合综效？简单来说，它意味着整体大于部分之和。统合综效就是一加一等于十，或一百，甚至一千的情况。

——史蒂芬·柯维

本周一览

统合综效基于是否愿意寻找第三种选择。它不仅仅是"我的方式"或"你的方式",而是一种更高、更好的方式;是我们任何一个人单靠自己都做不到的办法。

示例:一名员工不情愿地向老板提出加薪的要求。当然,老板可以说"行"或"不行",如果老板说"不行",员工也准备好了据理力争。但出人意料的是,老板做出了第三种选择。老板让这位员工询问她的客户,公司如何才能更好地服务他们,以及应该做些什么才能达成更多的业务。通过倾听员工的意见,老板学会了如何增加价值,挣更多的收入。通过长期合作,老板不仅可以建立员工的信心,增加员工的薪酬,还可以增加与客户的业务量,这是真正的双赢。

问问自己

我什么时候可能会妥协?我什么时候能感受到统合综效?两者有什么区别?

_____

_____

_____

_____

_____

_____

你只要问"在这种情况下我们如何双赢",就能达成一个双赢协议。你寻找的第三种选择,比你可以单独创造的任何东西都要好。

我如何赢

_____

_____

_____

他们怎么赢

_____

_____

_____

我们怎么赢

_____

_____

_____

第三种选择思维

我和你统合综效

我会找到你

我看到我自己

我看到你

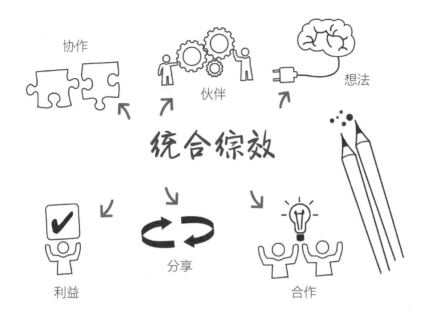

观察即将召开的会议，确认是否进行了统合综效。

请记住：

统合综效是……	统合综效不是……
赞美差异	容忍差异
团队合作	独立工作
思想开放	以为自己永远是对的
寻找新的/更好的方法	妥协

想一个可以从统合综效中获益的问题。用它来寻求第三种选择。在下面写下你的一些想法：

_____

_____

_____

_____

_____

当你……时，你就知道你已经做到了统合综效：

- 换位思考

- 感受到新的能量和热情

- 以新的方式看待事物

- 感受到关系已经得到改变

- 最后得出的想法或结果要好于任何一方的想法或结果（第三条道路）

史蒂芬·柯维说

统合综效好于我的方式或你的方式。它强调的是我们的方式。统合综效是当两个或更多懂得尊重的人决定放下之前的想法，一起迎接挑战时产生的强大结果。

统合综效和妥协不是一回事。在妥协方案中，一加一最多等于一个半。

周目标

_____

_____

_____

_____

_____

为实现目标，我将采取的三个行动

_____

_____

_____

_____

_____

自我肯定

_____

_____

_____

_____

_____

第 42 周

尊重差异

统合综效的精髓就是重视和尊重差异，取长补短。

——史蒂芬·柯维

本周一览

重视差异是统合综效的基础。当你重视并拥抱差异，而不是拒绝或仅仅是容忍它们时，你会变得高效。你把别人的不同看作是优点，而不是缺点。

问问自己

我知道和我一起工作和生活的人的独特优势吗？我在哪些关系中容忍而不是赞美和尊重差异？

_____

_____

_____

_____

找出你不同意的人，列出他们的优点。

_____

_____

_____

_____

想法： 下次有人不同意你的观点时，你可以说：太好了！你看待事物的角度不同。我要听一下你的意见。

如何处理意见分歧

1. 私下讨论这个话题，最好是在一个中立的地方面对面地交流。无论如何，千万不要在社交媒体上发泄！

2. 创造一个积极的环境。尊重是最重要的。保持冷静和开放，使用"我"的陈述，避免指责。要有耐心。记住这句话是有用的：好话比尖刻的言词更管用。

3. 说重点。说清楚眼前的问题，避免造成混淆（错误沟通的温床），并用客观数据支持观点。

4. 保持开放的心态。向内看。不要假设对方是错的。试图了解对方的实际情况。尽你最大的努力设身处地为他们着想，即使你不同意，也要真正理解他们的出发点。辩论中的一种技巧是努力理解对方的立场，达到可以为他们争辩的程度。

5. 培养好奇心。问问题。

6. 找到共同点。

7. 要意识到从对方的错误中学习有很大的潜力。

马迪巴的另一个伟大教训是：你可以与某人有巨大的意见分歧，但这永远不能成为不尊重的理由。

——节选自南非官员塞尔达·拉·格兰奇
所著的《早上好，曼德拉先生》

差异是健康的，存在探究的范围，而探究中又有学习的范围。只有当我们把差异作为仇恨的原因时，差异才会变得不健康。

——节选自印度神经科学家、作家阿比吉特·纳斯卡尔
所著的《一切为了接受》

你渴望捍卫自己的信仰吗？或者你渴望尽可能地看清这个世界吗？

——节选自美国作家、演说家茱莉亚·加利夫
在TED演讲中发表的演讲《即使错了也认为自己是对的》

争论或讨论的目的不应该是胜利，而是进步。

——法国道德主义者和散文家
约瑟夫·乔伯特

世界上有两种人：一种是想赢的人，另一种是想赢得争论的人。他们从来都不一样。

——黎巴嫩–美国散文家和统计学家
纳西姆·尼古拉斯·塔勒布

阅读上面的引言，并写下你有什么尊重差异的方法。

_____

_____

_____

_____

_____

_____

_____

周目标

_____

_____

_____

_____

_____

为实现目标，我将采取的三个行动

_____

_____

_____

_____

自我肯定

_____

_____

_____

_____

_____

评估你对差异的开放程度

尊重差异的关键是要认识到所有人看待世界的方式不是世界的本来面目，而是他们自己认为的世界的样子。

——史蒂芬·柯维

本周一览

思维方式要求我们足够公平、开放，但并不是所有人都做得到。高效能人士需要谦虚地意识到我们认知上的不足之处。

问问自己

我是否愿意从不同的观点或不同的做事方法中学习？

_____

_____

_____

列出在你们关系中表现出来的一些差异（例如，年龄、政治、风格、宗教等）。

_____

_____

_____

写下你能做些什么来更好地尊重差异。

_____

_____

_____

自我评价

你是否……	是	否	不确定
致力于营造一个尊重和包容每一个人的工作环境，不管他们之间有何差异？在没有那些与你不同的人的情况下，你的行为方式在某种程度上反映了你对他们的尊重程度。			
直言不讳并进行沟通，通过营造适当的氛围，为团队的沟通文化做出贡献？			
对他人通过提出自己的观点、看法和想法所做的贡献表示赞赏？你知道每个人最擅长什么吗？他们的个人优势是什么？			
从战略上考虑一下谁在你的回音室里？换句话说，你周围的人是否可以轻松地交换不同的意见，而不用担心被报复或疏远？			
设身处地地为别人着想？你是否通过那些可能与你看法不同的人的眼睛来看待你的行为，以确保你的言行一致？			
直面内心最深处的恐惧？研究表明，根深蒂固的恐惧可能是我们厌恶那些想法不同的人的原因。			
检查你的动机，放弃对正确的需要？当你和不同意你的人谈话时，你能确保你的目的不是要让他们知道他们是错的吗？			
邀请人们参与讨论，健康地辩论和交流？你是否花真正的时间和那些你不同意的人在一起？你是否在积极努力找出你所持的哪些假设实际上是不正确的？			
仔细倾听，提出开放式的问题？你是否会接触那些与你不同的人，并认为自己可以从他们身上学习，他们也可以从你身上学习？			
努力寻找共同点，特别是共同的价值观？			

看看你对自我评价的反应。你如何评价自己对差异的开放程度？

_____

_____

_____

_____

_____

_____

_____

_____

_____

_____

_____

_____

_____

_____

_____

周目标

_____

_____

_____

_____

_____

为实现目标，我将采取的三个行动

_____

_____

_____

_____

_____

自我肯定

_____

_____

_____

_____

_____

破解障碍

当你开始使用统合综效，就是在削减阻力，促成阻力向动力的转化，创造新的见解。

——史蒂芬·柯维

本周一览

当你愿意用统合综效解决问题时，你就会想尝试新的方法去解决其他问题。

问问自己

哪些障碍经常使我无法实现自己的目标？

_____

_____

_____

想想你正在努力的一个目标。确定你被困在何处以及为什么被困。你面临哪些障碍？

_____

_____

_____

_____

找一些人来帮你想办法克服这些障碍。在此处写下对话摘要：

_____

_____

_____

_____

许多思想移植到另一个人的头脑中时，会比在它们突然出现的那个头脑中成长得更好。

——美国最高法院助理法官 奥利弗·温德尔·霍姆斯

多样性关乎我们所有人，关乎我们必须想办法在这个世界上团结一致。

——美国作家 杰奎琳·伍德森

在人类（以及动物）的漫长历史中，那些学会了合作和即兴发挥最有效的人占据了上风。

——英国自然学家、地质学家和生物学家 查尔斯·达尔文

找到一群挑战你、激励你的人，花很多时间和他们在一起，这会改变你的生活。

——美国演员、喜剧演员、作家、制片人和导演 艾米·波勒

当你向别人寻求帮助时，你有什么感觉？你从那个人那里学到了什么？

_____

_____

_____

_____

_____

周目标

_____

_____

_____

_____

为实现目标，我将采取的三个行动

_____

_____

_____

_____

自我肯定

_____

_____

_____

_____

利用别人的优势

当我们只剩下自己的经验时，我们就会不断遭受数据短缺的困扰。

——史蒂芬·柯维

本周一览

你被别人的优势所包围，但你往往没有利用这些优势。

问问自己

在我的生活中，我应该如何更好地利用他人的优势？

_____

_____

_____

伟大的事情从来不是由一个人完成的。它们是由一群人完成的。

——美国商业巨头　史蒂夫·乔布斯

你若想走得快，就一个人走。但你若想走得远，就结伴走。

——非洲谚语

列出你最亲密的朋友、家人和同事。在每个人的名字旁边，列出他们的优势。你能把这些优势与你面临的挑战相匹配吗？

姓名	优势	挑战

你需要了解别人在做什么，为他们的努力喝彩，认可他们的成功，并鼓励他们的追求。

——美国作家和人道主义者　吉姆·斯托瓦尔

这是真的：团队合作让梦想成真。

——加拿大职业摔跤手和专栏作家　娜塔莉·奈哈德

周目标

为实现目标，我将采取的三个行动

自我肯定

————————————————————————————————

————————————————————————————————

————————————————————————————————

————————————————————————————————

————————————————————————————————

习惯七

不断更新

第 **46** 周

实现"每日个人领域的成功"

用一个小时每天开始个人领域的成功，这是其他方式都无法相提并论的。这种方式会影响每个决定、每段关系，会大幅提高品质、效能，以及改善一天剩余的其他每个小时。

——史蒂芬·柯维

本周一览

"每日个人领域的成功"，就是每天至少用一个小时实现身体、情感、精神和智力层面的更新，这是培养"七个习惯"的关键。

问问自己

我是不是每天都花时间更新自己的身体、情感、精神和智力？

_____

_____

_____

_____

_____

写下你的日常更新方式。你可以在哪些方面改进？

_____

_____

_____

_____

_____

积极的晨间习惯要素

柠檬水

洗澡

护肤

健身

早起

早餐

计划

积极的晚间习惯要素

回顾你的记事本和计划清单

睡前两小时收起手机，
打开飞行模式

把手机放在卧室外充电

计划一顿健康的早餐

洗脸，保湿护肤；
刷牙，洁牙

准备好第二天要穿的衣服

读本书

练瑜伽或冥想

尝试芳香疗法

确认你的房间保持在
一个稳定和较凉爽的温度

把房间灯光调暗，
戴上眼罩和耳塞

当你平静下来，回顾一
下你当天做得好的事情

设个闹钟

周目标

_____

_____

_____

_____

_____

为实现目标，我将采取的三个行动

_____

_____

_____

_____

_____

自我肯定

_____

_____

_____

_____

_____

第 47 周

强健你的体魄

很多人觉得自己没有时间锻炼身体，这种想法真是大错特错！我们并非没有时间锻炼身体。

——史蒂芬·柯维

本周一览

身体更新包括照顾好你的身体——健康的饮食、充足的休息和定期锻炼。

问问自己

有什么方法可以提高我的力量和韧性？

_____

_____

_____

_____

本周选择一种锻炼身体的方式：

- 设置就寝时间。
- 找到一种挑战自己的积极方式。在你的日常锻炼中增加一个新的内容（例如，耐力、灵活性或力量）。
- 创造你自己锻炼身体的方式。

_____

_____

_____

_____

_____

如何养成一个新习惯

1 做一个决定

2 可视化你的习惯

3 一次专注一个习惯

4 至少坚持一个月

5 先试验一下

6 锁定新习惯

7 慢慢来

8 坚持

9 把它写下来

10 创造一个肯定它的机会

11 花时间，下决心坚持

12 知晓困难

13

知晓益处

14

用某样东西取代
你要放弃的东西

15

切勿让你的新习惯
有任何例外

16

建立问责制

17

和积极的榜样联
系起来

18

当你到达一个重要
的里程碑时，奖励
一下自己

19

不要害怕不完美

20

用"但是……"结
束所有消极的句子
（例如：我讨厌早
起，但坚持几周后
我会感觉更健康）

21

把这个新习惯融入到
你的生活方式中去

22

为自己而改变

周目标

_____

_____

_____

_____

为实现目标，我将采取的三个行动

_____

_____

_____

_____

自我肯定

_____

_____

_____

_____

第**48**周

增强你的精神活力

精神层面是人的本质、核心和对价值体系的坚持。

——史蒂芬·柯维

本周一览

精神层面是生活中非常私人而又至关重要的领域。它能够调动人体内具有激励和鼓舞作用的资源。

问问自己

我是否以自己的价值观为中心？是什么激励和振奋了我？

_____

_____

_____

_____

选择一种方法来增强你的精神活力：

- 完善你的个人使命宣言
- 花点时间回归自然
- 听或创作音乐
- 在社区做志愿者
- 参与纪念活动

本周你将如何增强自己的精神活力？

_____

_____

_____

_____

周目标

_____

_____

_____

_____

_____

为实现目标，我将采取的三个行动

_____

_____

_____

_____

_____

自我肯定

_____

_____

_____

_____

_____

拓展你的智力边界

养成定期阅读优秀文学作品的习惯是拓展思维的最佳方式。人们可以借此接触到当前或历史上最伟大的思想。

——史蒂芬·柯维

本周一览

我们一旦离开学校，许多人的头脑就会退化。但是学习对于智力层面的更新至关重要。

问问自己

我是否以精神饱满的状态开始这一周？

_____

_____

_____

_____

_____

_____

本周选择一种方法来磨砺心智：

- 写日记
- 读经典文学作品
- 发展一个爱好

本周你将如何磨砺心智？

_____

_____

_____

_____

_____

_____

_____

_____

关于技艺和爱好的点子

弹吉他，弹钢琴，吹口琴，或其他任何乐器　摄影和/或照片处理　园艺活动　家具制作　装修　珠宝制作　缝纫、十字绣和修补　编织　钩针编织　刺绣　缝被子　剪纸　升级改造　剪贴簿制作　铅笔素描　水彩绘画　油画　涂色　写短篇小说　漫画和动漫绘画　平面设计　丝网印刷画　油毡浮雕版画　书法　烹饪和烘焙　吹玻璃　制陶手艺　雕刻　皮革装潢　木工　子弹笔记　蜡烛制作　芳香疗法　美甲　化妆　地理寻宝　播客

最好的自我赋能书籍

除了《高效能人士的七个习惯》之外，你也可以看看：

- 《激发个人效能的五个选择》
- 《高效能人士的第八个习惯：从效能迈向卓越》
- 《个人可持续发展精要》
- 《高效能人士的执行4原则》
- 《要事第一》

周目标

_____

_____

_____

_____

_____

为实现目标，我将采取的三个行动

_____

_____

_____

_____

自我肯定

_____

_____

_____

_____

健全你的社会/情感方式

触及对方的灵魂是一件很神圣的事情。

——史蒂芬·柯维

本周一览

我们的情感生活非常重要，它首先源自并体现于与他人的关系，但并不限于此。

问问自己

这个星期我可以联系谁？我怎样才能让他们的生活变得更好？

_____

_____

_____

本周选择一种方法来培养你的社会/情感能力：

- 邀请朋友共进晚餐或视频聊天
- 给一个最近没联系的朋友发短信或邮件
- 原谅某人

本周你将如何培养自己的社会/情感能力？

_____

_____

_____

原谅是你能给自己的最好的礼物之一。原谅每一个人。

——美国诗人和民权活动家　玛雅·安杰卢

宽恕是紫罗兰在被鞋跟踩碎后散发出来的芬芳。

——美国作家和幽默作家　马克·吐温

我们必须发展和保持宽恕的能力。没有宽恕能力的人也没有爱的能力。我们中最坏的人也有善良的一面，最好的人也有邪恶的一面。当我们发现这一点时，我们就不那么容易恨我们的敌人了。

——美国基督教牧师和民权活动家　马丁·路德·金

有哪些人是你需要原谅的？

_____

_____

_____

_____

众所周知，在所有的宽恕中，宽恕自己是最难的。

——美国歌手、作曲家、音乐家和活动家　琼·贝兹

不可避免地，当你在宽恕的过程中，你会对自己的经历负责，并看到你让自己忍受了多少痛苦。你会意识到有机会去实践自我宽恕。

你需要原谅自己什么？

_____

_____

_____

周目标

_____

_____

_____

_____

_____

为实现目标，我将采取的三个行动

_____

_____

_____

_____

自我肯定

_____

_____

_____

_____

_____

给自己留出一点时间

对自己投资，是我们在一生中做出的最有效的投资。

——史蒂芬·柯维

本周一览

自我更新是第二象限的活动。我们必须积极主动地实现这一目标。

	紧急	不紧急
重要	I （设法完成） ● 危机 ● 医疗紧急事故 ● 迫切问题 ● 最后期限驱动的项目 ● 为预先安排好的活动做最后的准备 *必要象限*	II （关注） ● 准备/计划 ● 预防 ● 价值澄清 ● 锻炼 ● 建立关系 ● 真正的娱乐/放松 *质量&个人领导力象限*
不重要	III （避免） ● 干扰事件、某些电话 ● 某些邮件、某些报告 ● 某些会议 ● 许多"迫切需要解决的"事情 ● 许多公共活动 *欺骗象限*	IV （避免） ● 琐事，消磨时间的工作 ● 垃圾邮件 ● 某些手机短信/邮件 ● 浪费时间的人（或物） ● 消遣活动 ● 看无脑电视剧 *浪费象限*

问问自己

是否有紧急事件占用了我的自我更新时间？

_____

_____

_____

允许今天为自己花30分钟时间。找一个减压的方法（请参阅下面列出的30个减压方法），然后去做。你是如何度过这段时间的？事后你的感觉如何？

_____

_____

_____

30 个简单的 30 分钟减压方法

请记住，将其中一些活动限制在30分钟以内；否则，它们将成为第四象限（不紧急且不重要）的活动。

1. 读一本好书
2. 听一听振奋人心的播客
3. 看一集你喜欢的电视节目
4. 小睡一会儿
5. 烘焙或烹饪一些健康的食物
6. 吃一顿有营养的饭
7. 自己制作果汁
8. 用精油洗个热水澡，放松一下

9. 冥想或听放松的音乐

10. 放一些欢快的音乐，跳跳舞

11. 看有趣的猫咪视频

12. 观看TED演讲

13. 给朋友打电话分享笑声，而不是发泄情绪

14. 给家人打电话、发短信或发电子邮件叙叙旧

15. 练习一种呼吸技巧

16. 喝一杯花草茶

17. 使用芳香疗法

18. 去散步或游泳

19. 进行高耐力的锻炼或平静的瑜伽运动

20. 看一些励志名言

21. 写日记或写下一些积极的自我肯定

22. 许些小愿望，列一个目标清单

23. 给未来的自己手写一封正能量的信

24. 点支蜡烛，或者如果有的话，打开喜马拉雅盐灯

25. 和你的宠物玩

26. 列一张你感激的事物清单

27. 用一本成人涂色书放松心情

28. 把手机关机

29. 计划你梦想中的假期

30. 放空自己，什么都不干

我认为幸福来自自我接纳。

——美国演员、作家和活动家　杰米·李·柯蒂斯

你的内心深处浮现出一种与生俱来的、内在的平和、宁静与活力。它是无条件的，反映了你本质是谁。它是你一直在寻找的爱的对象。它是你自己。

——德国精神导师和畅销书作家 埃克哈特·托勒

唯一能拖垮我的只有我自己，我不会再让自己拖垮自己了。

——美国诗人和作家 乔伊贝尔

要想找到你所寻求的爱，首先要找到自己内心的爱。学会在你内心的那个地方休息。那是你真正的家。

——印度人道主义者、精神领袖和和平大使 古儒吉

有哪些事物、人、地方和事件让你觉得活着很幸福？你怎样才能在你的生活中加入更多这样的东西？

_____

_____

如果你无条件地爱自己，你会怎么做？

_____

_____

说出你最近关心朋友的一种富有同情心的方式，然后写下你会如何做同样的事情来关心自己。

_____

_____

周目标

_____

_____

_____

_____

_____

为实现目标，我将采取的三个行动

_____

_____

_____

_____

_____

自我肯定

_____

_____

_____

_____

_____

控制新技术对你的影响

我们都在努力管理时间，通过现代技术手段创造奇迹，做得更多，实现得更多，大幅度提高了效率，可为什么我们总觉得自己陷入"一堆麻烦"中呢？

——史蒂芬·柯维

本周一览

在这一周，要牢记这四个象限：

	紧急	不紧急
重要	I （设法完成） ● 危机 ● 医疗紧急事故 ● 迫切问题 ● 最后期限驱动的项目 ● 为预先安排好的活动做最后的准备 *必要象限*	II （关注） ● 准备/计划 ● 预防 ● 价值澄清 ● 锻炼 ● 建立关系 ● 真正的娱乐/放松 *质量&个人领导力象限*
不重要	III （避免） ● 干扰事件、某些电话 ● 某些邮件、某些报告 ● 某些会议 ● 许多"迫切需要解决的"事情 ● 许多公共活动 *欺骗象限*	IV （避免） ● 琐事，消磨时间的工作 ● 垃圾邮件 ● 某些手机短信/邮件 ● 浪费时间的人（或物） ● 消遣活动 ● 看无脑电视剧 *浪费象限*

电子设备是我们紧急事件的来源，我们觉得随时联系、及时回复信息是高效率，但是大多数时候，我们只是被干扰。

问问自己

我在使用电子设备的同时，是否也随之影响到了我最重要的目标和人际关系？

_____

_____

_____

_____

_____

今天做一件事来减少技术的干扰：

- 关闭消息提醒
- 每天只查看一次社交媒体
- 保证你的手机永远不会打断你的谈话

在你做重要的事情时，关掉你的设备。你注意到什么不同了吗？这种变化对你的效率有什么影响？

_____

_____

_____

_____

_____

远离电子设备的 7 种方法

1. 不要把电子设备带进卧室。用一个老式的闹钟，这样你早上伸手去拿的第一个东西就不会是手机了。

2. 限定时间。计划每天花在社交媒体上的时间不超过20分钟，或规划好屏蔽动态的时间。

3. 停止噪音！取消订阅任何不必要的账户或电子邮件列表，静音或取消关注别人，并退出群组。关闭消息通知。

4. 退出应用程序，把它们隐藏在文件夹中，或者删除它们。

5. 记住，社交媒体不是现实。

6. 在谈话中保持专注。

7. 做更多的事。如果你是一个花很多时间上网的人，把你的一天填满，确保没有多余的时间上网。也可以读一本书。

周目标

_____

_____

_____

_____

_____

为实现目标，我将采取的三个行动

_____

_____

_____

_____

_____

自我肯定

_____

_____

_____

_____

_____

后　记

　　《高效能人士的七个习惯》是迄今为止最鼓舞人心、影响最大的书之一。我们希望，通过这本日志，你能享受并学到有关高效能和成功人士的习惯的重要课程，并希望这些课程能够继续丰富你的生活经验。

　　你可以购买《高效能人士的七个习惯》，了解更多关于史蒂芬·柯维的永恒智慧和原则，这本书提供了各种格式，包括高度可读和易于理解的信息图表格式。

　　祝愿你成为最好的自己！

附　录

史蒂芬·柯维《高效能人士的七个习惯》

史蒂芬·柯维《高效能家庭的七个习惯》

关于史蒂芬·柯维和七个习惯

史蒂芬·柯维博士于2012年去世，留下了关于领导力、时间管理、效率、成功、爱和家庭的无与伦比的思想遗产。作为一名拥有数百万册畅销量的自助和商业经典的作家，柯维博士努力帮助读者认识到那些可以引导他们提高个人和职业效能的原则。他的开创性作品《高效能人士的七个习惯》以引人入胜的、合乎逻辑的、定义明确的方法，改变了人们思考和解决问题的方式。

作为国际上受人尊敬的领导力权威、家庭专家、教师、组织顾问和作家，他的建议给数百万人带来了启示。《高效能人士的七个习惯》销量超过三千万册（50种语言），被评为20世纪最有影响力的商业书籍。他的著作还包括《高效能人士的第八个习惯》《要事第一》和其他许多作品。他拥有哈佛大学工商管理硕士学位和杨百翰大学博士学位。他与妻子和家人曾居住在犹他州。

关于作者肖恩·柯维

肖恩·柯维是一位企业高管、作家、演说家和创新者。作为富兰克林柯维教育公司总裁，他致力于通过以原则为中心的领导方法来改变全世界的教育。肖恩领导着富兰克林柯维公司的学校转型过程，其理念聚焦于"自我领导力"，目前已覆盖全球50多个国家的5,000多所学校。

肖恩是《纽约时报》畅销书作者，撰写或参与撰写了多本书，包括《华尔街日报》商业类畅销榜第一名《高效能人士的执行4原则》（ *The 4 Disciplines of Execution* ）、《杰出青少年的6个决定》（ *The 6 Most Important Decisions You'll Ever Make* ）、《快乐儿童的7个习惯》（ *The 7 Habits of Happy Kids* ）、《7个习惯教出优秀学生》（ *The Leader in Me* ）和《杰出青少年的7个习惯》（ *The 7 Habits of Highly Effective Teens* ），该书已被翻译成了30种语言，全球销量超过八百万册。肖恩也是一位多才多艺的演讲家，经常在学校和组织中为学生和成年人演讲，并多次出现在广播、电视节目和纸媒上。

肖恩以优异的成绩从杨百翰大学获得了英语学士学位，之后又从哈佛商学院获得了工商管理硕士学位。作为杨百翰大学的首发四分卫，他带领球队参加了两场比赛，并两次被选为娱乐体育节目电视网最有价值球员。

肖恩和家人创立经营了一个全球性的非营利慈善机构，名为"希望缰绳"（Bridle Up Hope），该机构通过马术训练来激发那些在生活中挣扎的年轻女性的希望、信心和韧性。肖恩与他的妻子和孩子一起住在犹他州的阿尔派市。

关于编者 M. J. 菲耶夫尔

　　M. J. 菲耶夫尔是《要快乐，好吗？关于焦虑、抑郁、希望和生存的诗》(*Happy, Okay? Poems about Anxiety, Depression, Hope, and Survival*) 的作者。她用写作的方式帮助他人疗愈创伤，建立社区并创造社会变革的可能。她与这些群体并肩而行，他们包括退伍军人、被剥夺了权利的青年、癌症患者和幸存者、家庭暴力和性暴力的受害者、少数族裔、老年人、患有慢性疾病或正在经历转型的人们以及任何需要将写作作为一种治疗形式的缺医少药人群（即使他们没有意识到他们需要写作或治疗）。

三十多年前，当史蒂芬·R. 柯维（Stephen R. Covey）和希鲁姆·W. 史密斯（Hyrum W. Smith）在各自领域开展研究以帮助个人和组织提升绩效时，他们都注意到一个核心问题——人的因素。专研领导力发展的柯维博士发现，志向远大的个人往往违背其渴望成功所依托的根本性原则，却期望改变环境、结果或合作伙伴，而非改变自我。专研生产力的希鲁姆先生发现，制订重要目标时，人们对实现目标所需的原则、专业知识、流程和工具所知甚少。

柯维博士和希鲁姆先生都意识到，解决问题的根源在于帮助人们改变行为模式。经过多年的测试、研究和经验积累，他们同时发现，持续性的行为变革不仅仅需要培训内容，还需要个人和组织采取全新的思维方式，掌握和实践更好的全新行为模式，直至习惯养成为止。柯维博士在其经典著作《高效能人士的七个习惯》中公布了其研究结果，该书现已成为世界上最具影响力的图书之一。在富兰克林规划系统（Franklin Planning System）的基础上，希鲁姆先生创建了一种基于结果的规划方法，该方法风靡全球，并从根本上改变了个人和组织增加生产力的方式。他们还分别创建了「柯维领导力中心」和「Franklin Quest公司」，旨在扩大其全球影响力。1997年，上述两个组织合并，由此诞生了如今的富兰克林柯维公司（FranklinCovey, NYSE: FC）。

如今，富兰克林柯维公司已成为全球值得信赖的领导力公司，帮助组织提升绩效的前沿领导者。富兰克林柯维与您合作，在影响组织持续成功的四个关键领域（领导力、个人效能、文化和业务成果）中实现大规模的行为改变。我们结合基于数十年研发的强大内容、专家顾问和讲师，以及支持和强化能够持续发生行为改变的创新技术来实现这一目标。我们独特的方法始于人类效能的永恒原则。通过与我们合作，您将为组织中每个地区、每个层级的员工提供他们所需的思维方式、技能和工具，辅导他们完成影响之旅——一次变革性的学习体验。我们提供达成突破性成果的公式——内容+人+技术——富兰克林柯维完美整合了这三个方面，帮助领导者和团队达到新的绩效水平并更好地协同工作，从而带来卓越的业务成果。

富兰克林柯维公司足迹遍布全球160多个国家，拥有超过2000名员工，超过10万个企业内部认证讲师，共同致力于同一个使命：帮助世界各地的员工和组织成就卓越。本着坚定不移的原则，基于业已验证的实践基础，我们为客户提供知识、工具、方法、培训和思维领导力。富兰克林柯维公司每年服务超过15000家客户，包括90%的财富100强公司、75%以上的财富500强公司，以及数千家中小型企业和诸多政府机构和教育机构。

富兰克林柯维公司的备受赞誉的知识体系和学习经验充分体现在一系列的培训咨询产品中，并且可以根据组织和个人的需求定制。富兰克林柯维公司拥有经验丰富的顾问和讲师团队，能够将我们的产品内容和服务定制化，以多元化的交付方式满足您的人才、文化及业务需求。

富兰克林柯维公司自1996年进入中国，目前在北京、上海、广州、深圳设有分公司。

www.franklincovey.com.cn

更多详细信息请联系我们：

北京	朝阳区光华路1号北京嘉里中心写字楼南楼24层2418&2430室
	电话：(8610) 8529 6928　　　　邮箱：marketingbj@franklincoveychina.cn
上海	黄浦区淮海中路381号上海中环广场28楼2825室
	电话：(8621) 6391 5888　　　　邮箱：marketingsh@franklincoveychina.cn
广州	天河区华夏路26号雅居乐中心31楼F08室
	电话：(8620) 8558 1860　　　　邮箱：marketinggz@franklincoveychina.cn
深圳	福田区福华三路与金田路交汇处鼎和大厦21层C02室
	电话：(86755) 8337 3806　　　　邮箱：marketingsz@franklincoveychina.cn

柯维公众号

柯维视频号

柯维+

富兰克林柯维中国数字化解决方案：

　　「柯维+」（Coveyplus）是富兰克林柯维中国公司从2020年开始投资开发的数字化内容和学习管理平台，面向企业客户，以音频、视频和文字的形式传播富兰克林柯维独家版权的原创精品内容，覆盖富兰克林柯维公司全系列产品内容。

　　「柯维+」数字化内容的交付轻盈便捷，让客户能够用有限的预算将知识普及到最大的范围，是一种借助数字技术创造的高性价比交付方式。

　　如果您有兴趣评估「柯维+」的适用性，请添加微信coveyplus，联系柯维数字化学习团队的专员以获得体验账号。

富兰克林柯维公司在中国提供的解决方案包括：

I. 领导力发展：

高效能人士的七个习惯®(标准版) The 7 Habits of Highly Effective People®	THE 7 HABITS of Highly Effective People® SIGNATURE EDITION 4.0	提高个体的生产力及影响力，培养更加高效且有责任感的成年人。
高效能人士的七个习惯®(基础版) The 7 Habits of Highly Effective People® Foundations	THE 7 HABITS of Highly Effective People® FOUNDATIONS	提高整体员工效能及个人成长以走向更加成熟和高绩效表现。
高效能经理的七个习惯® The 7 Habits® for Manager	THE 7 HABITS FOR Managers ESSENTIAL SKILLS AND TOOLS FOR LEADING TEAMS	领导团队与他人一起实现可持续成果的基本技能和工具。
领导者实践七个习惯® The 7 Habits® Leader Implementation	THE 7 HABITS® Leader Implementation COACHING YOUR TEAM TO HIGHER PERFORMANCE	基于七个习惯的理论工具辅导团队成员实现高绩效表现。
卓越领导4大天职™ The 4 Essential Roles of Leadership™	The 4 Essential Roles of LEADERSHIP™	卓越的领导者有意识地领导自己和团队与这些角色保持一致。
领导团队6关键™ The 6 Critical Practices for Leading a Team™	THE 6 CRIRICAL PRACTICES FOR LEADING A TEAM™	提供有效领导他人的关键角色所需的思维方式、技能和工具。
乘法领导者® Multipliers®	MULTIPLIERS® HOW THE BEST LEADERS IGNITE EVERYONE'S INTELLIGENCE	卓越的领导者需要激发每一个人的智慧以取得优秀的绩效结果。
无意识偏见™ Unconscious Bias™	UNCONSCIOUS BIAS™	帮助领导者和团队成员解决无意识偏见从而提高组织的绩效。
找到原因™：成功创新的关键 Find Out Why™: The Key to Successful Innovation	Find Out WHY™ THE KEY TO SUCCESSFUL INNOVATION	深入了解客户所期望的体验，利用这些知识来推动成功的创新。
变革管理™ Change Management™	CHANGE How to Turn Uncertainty Into Opportunity™	学习可预测的变化模式并驾驭它以便有意识地确定如何前进。

培养商业敏感度™ Building Business Acumen™	**Building Business** ——**Acumen**——	提升员工专业化，看到组织运作方式和他们如何影响最终盈利。

II. 战略共识落地:

高效执行四原则® The 4 Disciplines of Execution®	The 4 Disciplines of Execution	为组织和领导者提供创建高绩效文化及战略目标落地的系统。

III. 个人效能精进:

激发个人效能的五个选择® The 5 Choices to Extraordinary Productivity®	THE **5 CHOICES** to extraordinary productivity	将原则与神经科学相结合，更好地管理决策力、专注力和精力。
项目管理精华™ Project Management Essentials for the Unofficial Project Manager™	**PROJECT** **MANAGEMENT** **ESSENTIALS** For the *Unofficial* Project Manager	项目管理协会与富兰克林柯维联合研发以成功完成每类项目。
高级商务演示® Presentation Advantage®	Presentation—— ——Advantage TOOLS FOR HIGHLY EFFECTIVE COMMUNICATION	学习科学演讲技能以便在知识时代更好地影响和说服他人。
高级商务写作® Writing Advantage®	Writing—— —Advantage TOOLS FOR HIGHLY EFFECTIVE COMMUNICATION	专业技能提高生产力，促进解决问题，减少沟通失败，建立信誉。
高级商务会议® Meeting Advantage®	Meeting—— —Advantage TOOLS FOR HIGHLY EFFECTIVE COMMUNICATION	高效会议促使参与者投入、负责并有助于提高人际技能和产能。

IV. 信任:

信任的速度™（经理版） Leading at the Speed of Trust™	Leading at the SPEED OF TRUST	引领团队充满活力和参与度，更有效地协作以取得可持续成果。
信任的速度®（基础版） Speed of Trust®: Foundations	**SPEED** OF **TRUST** FOUNDATIONS	建立信任是一项可学习的技能以提升沟通，创造力和参与度。

V. 顾问式销售:

帮助客户成功® Helping Clients Succeed®	HELPING **CLIENTS** SUCCEED	运用世界顶级的思维方式和技能来完成更多的有效销售。

VI. 客户忠诚度:

引领客户忠诚度™ Leading Customer Loyalty™	**LEADING** CUSTOMER **LOYALTY**	学习如何自下而上地引领员工和客户成为组织的衷心推动者。

助力组织和个人成就卓越

富兰克林柯维管理经典著作

《高效能人士的七个习惯》
（30周年纪念版）（2020新版）

书号：9787515360430
定价：79.00元

《高效能家庭的7个习惯》

书号：9787500652946
定价：59.00元

《高效能人士的第八个习惯》

书号：9787500660958
定价：59.00元

《要事第一》（升级版）

书号：9787515363998
定价：79.00元

《高效执行4原则2.0》

书号：9787515366708
定价：69.90元

《高效能人士的领导准则》

书号：9787515342597
定价：59.00元

《信任的速度》

书号：9787500682875

定价：59.00元

《项目管理精华》

书号：9787515341132

定价：33.00元

《信任和激励》

书号：9787515368825

定价：59.90元

《人生算法》

书号：9787515346588

定价：49.00元

《领导团队6关键》

书号：9787515365916

定价：59.90元

《无意识偏见》

书号：9787515365800

定价：59.90元

《从管理混乱到领导成功》

书号：9787515360386

定价：69.00元

《富兰克林柯维销售法》

书号：9787515366388

定价：49.00元

《实践7个习惯》

书号：9787500655404

定价：59.00元

《生命中最重要的》

书号：9787500654032
定价：59.00元

《释放天赋》

书号：9787515350653
定价：69.00元

《管理精要》

书号：9787515306063
定价：39.00元

《执行精要》

书号：9787515306605
定价：49.90元

《领导力精要》

书号：9787515306704
定价：39.00元

《杰出青少年的7个习惯》（精英版）

书号：9787515342672
定价：39.00元

《杰出青少年的7个习惯》（成长版）

书号：9787515335155
定价：29.00元

《杰出青少年的6个决定》（领袖版）

书号：9787515342658
定价：49.90元

《7个习惯教出优秀学生》（第2版）

书号：9787515342573
定价：39.90元

《如何让员工成为企业的
竞争优势》

书号：9787515333519
定价：39.00元

《如何管理时间》

书号：9787515344485
定价：29.80元

《如何管理自己》

书号：9787515342795
定价：29.80元

《激发个人效能的五个选择》

书号：9787515332222
定价：29.00元

《高效能人士的时间和
个人管理法则》

书号：9787515319452
定价：49.00元

《释放潜能》

书号：9787515332895
定价：39.00元

《公司在下一盘很大的棋，
机会留给靠谱的人》

书号：9787515334790
定价：29.80元

《柯维的智慧》

书号：9787515316871
定价：79.00元

《高效能人士的七个习惯·每周
挑战并激励自己的52张卡片：
30周年纪念卡片》

书号：9787515367064
定价：299.00元